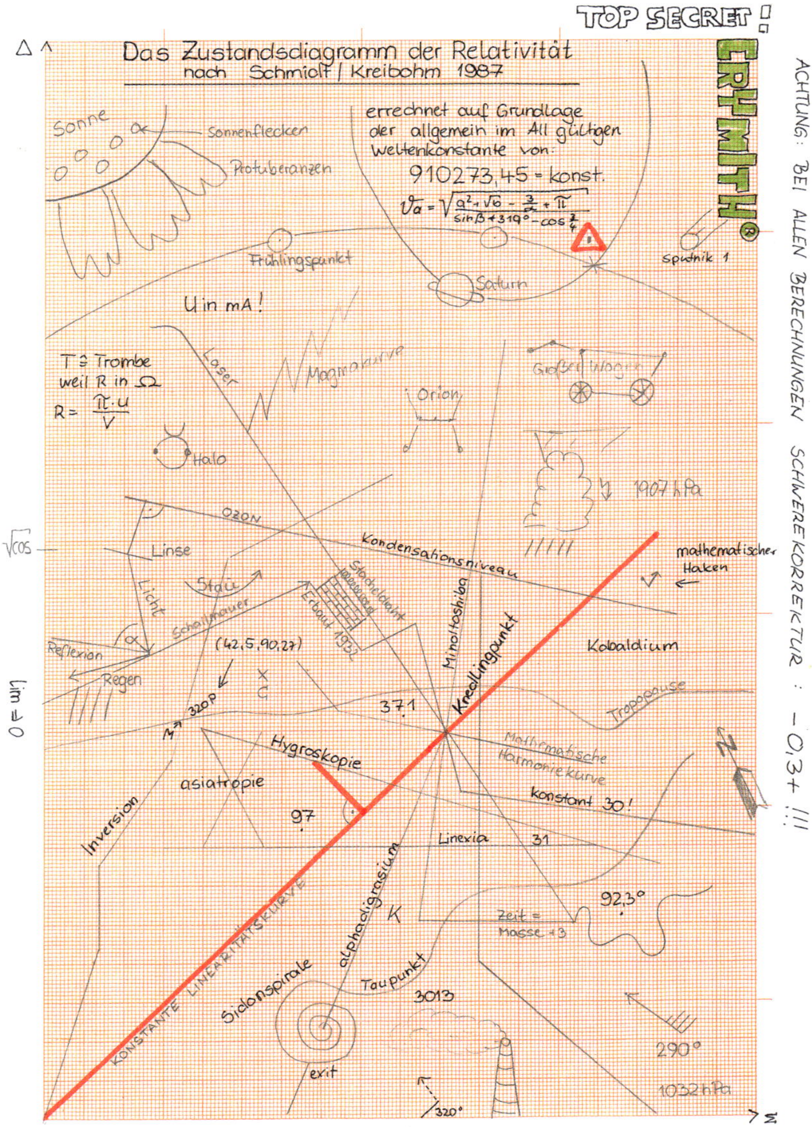
TOP SECRET!
ERHMITH
ACHTUNG: BEI ALLEN BERECHNUNGEN SCHWEREKORREKTUR: −0,3+ !!!
Das Zustandsdiagramm der Relativität
nach Schmiolf / Kreibohm 1987
Sonne
Sonnenflecken
Protuberanzen
errechnet auf Grundlage der allgemein im All gültigen Weltenkonstante von:
910273,45 = konst.
Frühlingspunkt
Saturn
Spudnik 1
U in mA!
T ≙ Trombe weil R in Ω
Laser
Magmakurve
Orion
Großer Wagen
Halo
1907 hPa
OZON
Kondensationsniveau
Linse
Licht
Stau
Schallmauer
Stacheldraht
Erbaut 1932
mathematischer Haken
Reflexion
Regen
(42,5,90,27)
Minoltoshiba
Kreollingpunkt
Kobaldium
320 P
371
Tropopause
Hygroskopie
Mathematische Harmoniekurve
asiatropie
konstant 30!
Inversion
97
Linexia
31
92,3°
alphacligrasium
K
Zeit = masse + 3
KONSTANTE LINEARITÄTSKURVE
Sidonspirale
Taupunkt
3013
290°
exit
1032 hPa
320°
lim = 0

Stefan Kreibohm

KREIBOHMS WELT!

HINSTORFF

NDR nordmagazin

NDR

INHALT

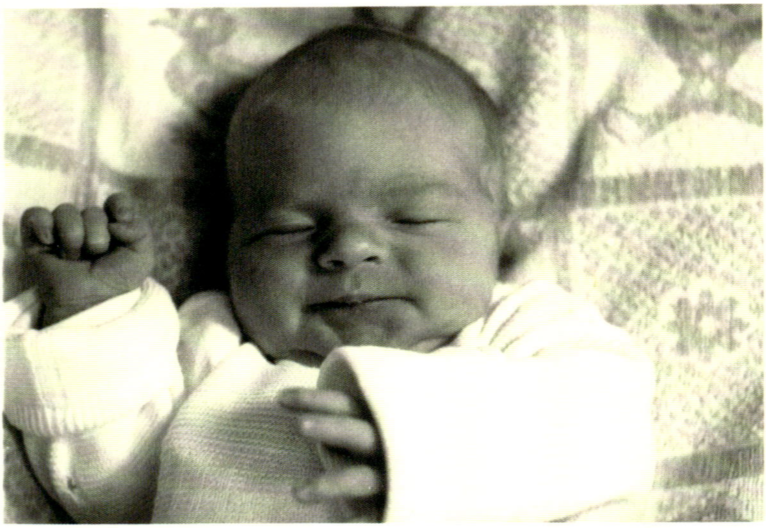

Hier bin ich im zarten Alter von 3 Tagen zu sehen. Und erfreue mich der besten Gesundheit. Vom Wahlausgang habe ich auch als „Wahlkind“ nichts mitbekommen, aber vorsichtshalber schon mal die Faust geballt.

Es begann mit einer Lüge

Es ist zweifellos so, dass die Welt auf mich gewartet hat. Nicht die ganze, aber ein Teil. Damit meine ich nicht allein die Eltern oder Großeltern, die mir stets versicherten, meine Ankunft auf diesem Planeten erwartet und sich sogar auf mich gefreut zu haben. Dies wird auch so gewesen sein, nicht zuletzt, weil für mich mit dem Tag der Geburt eine fabelhafte Kindheit in und um Parchim begann.

Gewartet hat man, wie Presseberichte belegen, aber gleichfalls in der Lokalredaktion der „Schweriner Volkszeitung“ (kurz: SVZ), seinerzeit „Organ der Bezirksleitung Schwerin der Sozialistischen Einheitspartei Deutschlands“. Ob man dafür stundenlang vor dem Parchimer Kreißsaal herumgelungert hat, ist nicht überliefert, allerdings auch nicht sehr wahrscheinlich. Dafür hätte man eine Nachtschicht einlegen müssen, denn das erste Interview mit meiner Mutter gab es schließlich in den Morgenstunden, kurz nachdem ich das künstliche Licht der Welt erblickt hatte.

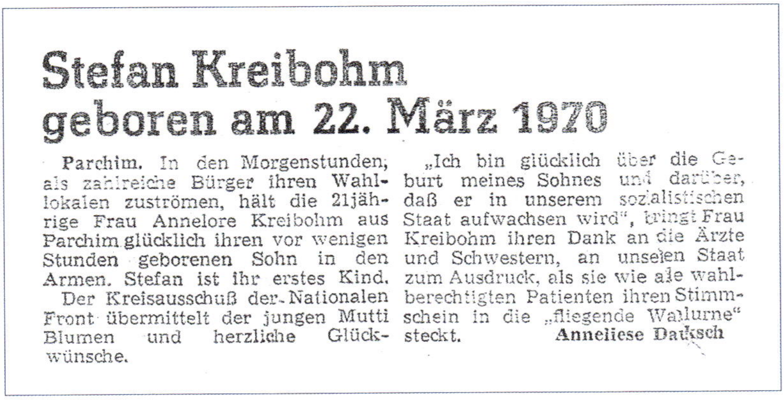

Stefan Kreibohm geboren am 22. März 1970

Parchim. In den Morgenstunden, als zahlreiche Bürger ihren Wahllokalen zuströmen, hält die 21jährige Frau Annelore Kreibohm aus Parchim glücklich ihren vor wenigen Stunden geborenen Sohn in den Armen. Stefan ist ihr erstes Kind.

Der Kreisausschuß der Nationalen Front übermittelt der jungen Mutti Blumen und herzliche Glückwünsche.

„Ich bin glücklich über die Geburt meines Sohnes und darüber, daß er in unserem sozialistischen Staat aufwachsen wird“, bringt Frau Kreibohm ihren Dank an die Ärzte und Schwestern, an unseren Staat zum Ausdruck, als sie wie alle wahlberechtigten Patienten ihren Stimmschein in die „fliegende Wahlurne“ steckt.

Anneliese Daksch

Ein gefundenes Fressen für die Weltpresse, Zeitungsartikel vom 24. März 1970

Doch was wollte die Presse von meiner Mutter? Nichts. Es ging um mich! Und es ging um den Sonntag, der nicht irgendein Sonntag war. Es war Wahltag. Die meisten, selbst die Leserinnen und Leser der SVZ, werden sich kaum daran erinnern, aber am 22. März 1970 gab es in der DDR Kommunalwahlen. Für eben diese Wahl wurde ein „Wahlkind" gesucht – und gefunden. Da ich wahrscheinlich das einzige wehrlose junge Wesen im Parchimer Krankenhaus war, blieb es an mir hängen. Ich wurde besagtes Wahlkind.

Ein Artikel entstand, in dem die Leserschaft der SVZ erfuhr, was passiert war: Stefan Kreibohm war geboren worden! Sensationell und vor allem praktisch, denn so wurden gleich alle Verwandten informiert, schließlich hatte kaum jemand ein Telefon, worüber man die frohe Botschaft hätte vermitteln können. Eine schöne, runde Geschichte, ein Kind kommt am Tag der Wahl zur Welt, Sohn der Intelligenz (Mutter Kindergärtnerin) und der Arbeiterklasse (Vater Schlosser). Wie man lesen konnte, war auch meine Mutter von den Socken, dass ihr Kind nun „in unserem sozialistischen Staat" aufwachsen könne.

Daran habe ich mich sogar strikt gehalten, bin gewachsen, weitgehend bananenlos und ganz und gar ohne fruchtige Zwerge und dem Besten aus der Milch. Ich habe einfach gleich die ganze Milch getrunken, also wohl auch das Schlechte darin. Selbst als Wahlkind blieb mir da keine Wahl. Vielleicht auch deshalb, weil ich gar nicht an einem Sonntag geboren wurde, sondern schon an einem Freitag. Der ganze Artikel vom 24. März 1970 war eine Ente, oder realistisch betrachtet: Mein Leben begann mit einer Lüge! Gut, meine Mutter freute sich, mich gab es wirklich, ich war noch recht frisch, aber eben nicht vom Sonntag. Egal, die Zeitung wollte die Geschichte so und bekam sie. Aus einem Freitagmorgenkind wurde ein Wahlsonntagkind.

Vor dem Wetter kam die Tonne

Böse Zungen behaupten nun, dass mir, angesichts der verlogenen Begleiterscheinungen zu meiner Geburt, nichts weiter übrig blieb, als Wetteransager zu werden.

Dabei war mein erster Berufswunsch nichts, was auch nur entfernt mit Wetter zu tun hat. Allenfalls, dass ich, hätte ich ihn ergriffen, auch Wind und Wetter ausgesetzt gewesen wäre. Ich war nämlich zunächst fest entschlossen, Müllmann zu werden. Als schätzungsweise vierjähriger Knirps erschien es mir ungeheuer beeindruckend, wie die Müllmänner jeden Montag unsere Aschtonne an den großen zischenden Lastkraftwagen hängten und der Inhalt, begleitet vom lauten Klappern des blechernen Kübels, im Bauch des Wagens verschwand. Eine staubige Arbeit. Fast jeder heizte schließlich mit Braunkohle, die orange-braune Asche musste in den Tonnen entsorgt werden und beim Entleeren entwich immer etwas in die Luft und auf die Straße.

Doch da war noch etwas, was mich damals besonders in seinen Bann zog: Der Müllmann durfte auf einem kleinen Tritt am Heck das Fahrzeuges stehen, während der Fahrt! Draußen! Gab es etwas Schöneres als so durch die Straßen zu sausen? Ich war neidisch, das wollte ich auch machen – wenn ich mal groß sein würde. Verlockend war auch die Vorstellung, dass ich dann nur einen Tag in der Woche arbeiten müsste, schließlich kam das Müllauto immer nur montags. Was für ein Leben. Jetzt lag es nur noch an mir, ich hatte einfach groß zu werden und später in der Schule schön aufzupassen.

Es muss an meinem Geburtstag gewesen sein, einer zwischen dem fünften und dem zehnten Lebensjahr, so meine zugegeben vage Erinnerung. Ich saß auf einem vielleicht einen Meter hohen gemauerten Pfeiler vor dem Eingang unseres Hauses. Neben mir stand mein

Da war die Welt noch in Ordnung … Mein Vater und ich auf dem besagten Pfeiler (Ende der 70er-Jahre)

Vater – diese Szenerie wurde auf einem Foto festgehalten. Nach dem Knipsen stieg ich vom Pfeiler, rutschte ab und fiel kopfüber auf das harte Pflaster. Ich muss benommen gewesen sein und wurde verrückt, wetterverrückt. Zumindest habe ich beschlossen, die tiefe Liebe zu Wolkenbrüchen, Starkschneefällen und Schwergewittern eben auf diesen donnernden Sturz zurückzuführen.

Vielleicht handelte es sich aber auch nur um einen Zufall und es war doch mein Großvater, der das zarte Aufkeimen meiner Begeisterung für Meteorologie und Geografie beförderte. In meiner Erinnerung saßen wir oft über einen großen Atlas gebeugt im Wohnzimmer und fuhren mit den Fingern um die Welt. Opa Heinz wusste von Stürmen zu berichten, die er als Matrose vor Norwegen erlebt hatte, damals im Krieg. Er kannte sich auf den Landkarten aus und konnte gut erzählen, so gut, dass ich oft lachen musste.

Seine Tischlerwerkstatt neben unserem Drei-Generationen-Haus roch immer nach Holz, das mochte ich. Möglich, dass meine Vorliebe nicht nur für das Wetter, sondern auch für Holz damals geprägt wurde. Beides hat etwas mit der Natur zu tun, und Naturwissenschaft fasziniert mich bis heute, handwerkliches Arbeiten mit Holz gleichfalls, nur hapert es bei Letzterem an einer zufriedenstellenden Umsetzung meinerseits.

Die Liebe zum Wetter kam und ging nie wieder (ich habe darüber schon in meinem ersten Buch „Kreibohms Wetter!“ geschrieben). So bereicherte ich zum Beispiel als Neunjähriger das Tagebuch meines Vaters während des Urlaubs in Bansin auf Usedom mit Angaben über das Tages-Wetter – bis hin zur exakten Wellenhöhenangabe

Titel unseres Urlaubstagebuches, gestaltet durch meinen Vater und mich (1979)

So schön war Bansin … Eintrag im Urlaubstagebuch (1979)

Der junge Mann und das Meer (1979)

der Ostsee, nämlich 60 Zentimeter am 28. Juni 1979, und dies bei Sonnenschein und 19 Grad Luft- sowie 18 Grad Wassertemperatur.

Stabil war das Wetter während unseres Aufenthaltes nicht, denn für den 1. Juli wurde durch meinen Vater vermerkt, dass die DDR-Tennismeisterschaften in Zinnowitz von Schauern geplagt wurden und der spätere Sieger Thomas Emmrich sein Spiel unterbrechen musste. Auch Heinz Florian Oertel, der das Geschehen kommentierte, musste Schutz suchen. Erst drei Tage später hockten wir wieder am Strand, ich vermerkte: „Die Sonne strahlt vom Himmel, wolkenlos."

Backofenbau und Dauerfeilen

Dass das Wetter für mich zum Beruf wurde, hat auch etwas mit dem VEB Backofenbau Parchim zu tun sowie mit dem Parchimer Landwirtschaftlichen Instandsetzungswerk (LIW). In beiden Betrieben gab es während meiner Zeit an der Adolf-Diesterweg-Schule, natürlich die beste Bildungseinrichtung der Stadt, tageweise Arbeit zu verrichten, und zwar im Rahmen des Faches PA – Produktive Arbeit. Für diesen Unterricht rückte die gesamte Klasse jeweils an zwei Tagen im Monat in einen der Betriebe ein, zunächst ein Jahr im Backofenbau, danach bis zur 10. Klasse im Landwirtschaftlichen Instandsetzungswerk.

Im VEB Backofenbau erlernte ich als Schüler der 8. Klasse die hohe Kunst des Mülleimerhenkelbiegens, und zwar so ganz nebenbei – doch dazu gleich mehr. Hauptaufgabe war das stundenlange Feilen an Metallflanschen. Die Maße waren vorgegeben, die wir einzuhalten hatten, klar gekennzeichnet durch ins Metall geritzte Linien. Bis zu diesen war zu feilen, machte man alles richtig, passte so ein Teil in irgendein Loch – in was für eines, habe ich entweder nie gefragt oder dieses Wissen erfolgreich wieder verdrängt. Die Stunden, nein: die Tage vergingen, ich feilte und feilte, maß und feilte weiter.

Schließlich kam der Moment der Abgabe des Gefeilten, zu dem ich im Laufe der Zeit eine gewisse Abneigung entwickelt hatte. Der für unser Schaffen verantwortliche Meister, vermutlich staatlich geprüfter Metallflanschfeiler und Kenner sämtlicher dafür vorgesehener Löcher, legte sein Maßband an und widmete sich meinem Objekt, nahm ein Stück Kreide und malte ein großes A darauf. „Güteklasse A, nicht schlecht, hat sich die Mühe ja gelohnt!“, dachte ich. Doch ich irrte, mein Metallflansch landete in einem großen Behälter, der mit einem A gekennzeichnet war, A wie Ausschuss. Gut, das saß. „Feilen, das kannst Du schon mal nicht, zumindest nicht richtig.“

Anders beim Mülleimerhenkelbiegen. Darin war ich geschickt. Aber man konnte beim besten Willen auch wenig falsch machen. Ein schmaler Metallstab musste lediglich in eine Vorrichtung gelegt werden, die noch vier Hebel besaß. Zwei dieser Hebel, links und rechts gleichzeitig betätigt, sorgten dafür, dass aus dem geraden Stab ein gebogener wurde, die beiden anderen hatten die Aufgabe, noch zwei kleine Häkchen daran zu biegen. Diese wurden, wenn man den fertigen Henkel in den Gebrauch überführte, in die kleinen Löcher des Plastemülleimers gesteckt. Hunderte Mülleimerhenkel habe ich in meinem Leben gebogen, damit hat der VEB Backofenbau Parchim wahrscheinlich die halbe DDR versorgt. Es ist anzunehmen, dass auch

Das war mein Schulhof. Die dazugehörige Schule steht übrigens rechts, das ist die Diesterweg-Schule. Das linke Gebäude ist auch eine Schule, die Reuter-Schule. Deren Schulhof war auf der anderen Seite. Wir spielten hier Schlagball. Und „durften" an Fahnenappellen teilnehmen.

heute noch derartige Werke existieren, denen ich einst im PA-Unterricht die richtige Krümmung beigebracht habe.

Mein Vater konnte linke Fahrradspiegel so umbauen und wieder zusammenschweißen, dass ich zeitweise sogar einen rechten Spiegel am Lenker hatte – diese gab es so gut wie nie zu kaufen. Mit einem derart aufgedonnerten Rad der Marke „Mifa“ war man damals ganz vorne mit dabei, zwei Spiegel, Tacho – Vollausstattung. Und ging etwas kaputt, musste mein Vater ran, ich stellte mich ausgesprochen ungeschickt an.

So war es kein Wunder, dass ich an der Tätigkeit in unserem zweiten PA-Betrieb keine große Freude entwickelte. Im Instandsetzungswerk (LIW) arbeitete unsere Patenbrigade, daher kannten wir den Betrieb schon länger. Hier wurde gebohrt, gefräst, geschraubt – und wieder gefeilt. Es roch nach Metall und Öl, nach Fett und irgendwelchem Kühlmittel, das beim Metallbohren zum Einsatz kam. Ich drehte Gewinde in Traktorenachsen, oder sagen wir besser: Ich versuchte zu drehen. Dabei hoffte ich stets, dass es kein Traktorist mit den Teilen, die ich dort bearbeitet hatte, zu tun bekam. Er würde fluchen, dass die Ernte nicht eingefahren werden konnte, weil irgendeine Schraube nicht in „mein“ Gewinde passte. „Nein!“, dachte ich damals, „so etwas wie hier, das Arbeiten mit all den Maschinen, das Feilen – das willst du niemals im Leben mehr machen. Du musst einen Beruf wählen, bei dem du ein Büro hast, einen Schreibtisch, einen Stift – und versuchst, wenigstens wichtig zu gucken.“

Glücklicherweise deutete sich ziemlich schnell an, dass es zumindest in diese Richtung gehen würde, denn, wollte ich mir meinen vom Wetter geleiteten Berufswunsch erfüllen, musste ich mich schon mit dem Halbjahreszeugnis der 9. Klasse bewerben. Der Zensurenspiegel schien den Anforderungen zu entsprechen, bekam ich doch rasch die Zusage. Als einer der ersten meines Jahrganges hatte ich einen Lehrvertrag in der Tasche. Kein Lehrer konnte sich daran erinnern, dass jemals einer seiner Schüler „Technischer Assistent für Meteorologie“ werden wollte. Und es nun auch noch werden konnte mit seinem Lehrberuf beim Meteorologischen Dienst der DDR in Potsdam. Am 1. September 1986 sollte es losgehen. Ich freute mich darauf.

Der Wetterbeobachter

Den Beruf des Technischen Assistenten für Meteorologie (TAM) auszuüben, bedeutete Schichtdienst, selbstverständlich auch an Wochenenden und Feiertagen, denn das Wetter macht schließlich niemals Pause. Für eben dieses Wetter war man zuständig, genauer gesagt: für die Beobachtung des Geschehens am Himmel sowie das Messen bestimmter meteorologischer Parameter. Dies geschah allerdings nicht nach Lust und Laune, sondern nach einem exakt festgelegten, minutengenauen Plan.

Alle Wetterbeobachter sind angehalten, sich an diesen Plan zu halten, wirklich alle, auf der ganzen Welt. Jede Wetterstation ist Bestandteil eines weltumspannenden Mess- und Beobachtungsnetzes. Sinn und Zweck ist es, das Wetter in seiner gesamten Bandbreite zu erfassen – und dies mit vergleichbaren Methoden. So schauen überall auf der Erde Wetterbeobachter zur gleichen Zeit in den Himmel. Das synchrone Betrachten der Vorgänge in der Atmosphäre gibt dem Teilbereich der Meteorologie, der sich mit aktuellem Wetter und seiner Vorhersage beschäftigt, seinen Namen: Synoptische Meteorologie, kurz Synoptik genannt.

Im Fachjargon ist die mindestens stündlich erfolgte Meldung eines Wetterbeobachters an die Zentrale Sammelstelle des nationalen Wetterdienstes ein SYNOP. Ohne diese SYNOPs geht gar nichts oder zumindest nicht viel. Sie sind die Grundlage für die Wettervorhersage, denn nur durch sie erfahren die Meteorologen, wie sich das Wetter auf der Welt oder in ihrer Region, für die sie zum Beispiel eine Vorhersage machen sollen, gestaltet. Theoretisch könnte also jeder Meteorologe, der sich der synoptischen Wettervorhersage widmet, erfahren, wie das Wetter an jedem Ort der Welt gerade ist, vorausgesetzt, dieser Ort hat eine Wetterstation und sein Wetterdienst stellt die Daten zur Verfügung.

Wetterstationen gibt es auf Bergen, in Tälern, in Städten und Dörfern, mitten in der Pampa oder in der Wüste. Das Netz ist nicht überall eng gesponnen, je nach Besiedlungsdichte liegen zwischen den Messpunkten wenige oder hunderte Kilometer. Je dichter es ist, desto besser kann man den Istzustand erfassen.

In der DDR war der Meteorologische Dienst für das Erfassen der Wetterdaten zuständig und beschäftigte dafür Technische Assistenten für Meteorologie. Ein Knochenjob. Musste man doch pro Stunde mindestens einmal aus seinem Bürostuhl aufstehen und vor die Tür gehen, natürlich bei Wind und Wetter. Ziel war, zu erfassen, wie sich das Wetter gerade darstellte. Bevor weite Teile der Datenerfassung automatisiert wurden, gab es zum Beispiel die Temperaturmessung „von Hand". Die Thermometer hingen in einer schneeweißen „Thermometerhütte", diese schirmte die Messinstrumente von jeglicher Sonnenstrahlung ab, was auch die immer vorhandene Rückstrahlung des Erdbodens einschloss. Alte Hütten waren aus Holz, die neueren aus Plastik. Die Lamellenwände, durch die der Wind problemlos wehen konnte, hielten den Regen von den Thermometern fern, auch unter dem leicht schrägen weißen Dach gab es kleine Lüftungsschlitze.

Gemessen wurde stets zwei Meter über Grund und dies auf zwei Flüssigkeitsthermometern gleichzeitig. Bei einem war das kleine Flüssigkeitsgefäß des Thermometers mit einem „Strumpf" überzogen. Das so eingepackte Gefäß tauchte man in ein kleines Gläschen, das mit destilliertem Wasser gefüllt war. Nach diesem Anfeuchten wurde mit einer speziell dafür vorgesehenen Vorrichtung Luft angesaugt und an beiden Flüssigkeitsgefäßen vorbeigeführt, aspirieren nennt sich dieser Vorgang. War die Luft trocken, verdunstete viel Wasser aus dem feuchten Strumpf, wobei Wärme verbraucht wurde. Das feuchte Thermometer zeigte folglich nach kurzer Zeit eine tiefere Temperatur an als das trockene. Hatte man mehrfach die Temperatur des Feuchtthermometers abgelesen, hörte die Temperatur auf zu sinken und die „Feuchttemperatur" war erreicht. Je größer die Differenz zwischen beiden Temperaturwerten, desto trockener die Luft: So ließ sich die relative Luftfeuchtigkeit ermitteln und die Taupunkttemperatur. Sind trockene und feuchte Temperatur gleich, gibt es keine Verdunstung, da die vorbeiströmende Luft bereits zu 100 Prozent gesättigt ist, bei Nebel zum Beispiel. Dann ist die Luft-

Haus „Erika“, erster Standort des Wetterstudios Hiddensee, mit Thermometerhütte im Vordergrund (um 2000)

temperatur auch gleich der Taupunkttemperatur. Kurz: Durch das Aspirieren lässt sich feststellen, wie viel Wasserdampf in der Luft enthalten, ob sie eher feucht oder trocken ist.

Neben der Erhebung der Temperatur- und Feuchtedaten gab es alle sechs Stunden die Messung des Niederschlages und der Schneehöhe. Alle zwölf Stunden wurden zusätzlich noch die höchste und tiefste Temperatur ermittelt, dazu dienten zwei weitere Thermometer mit einer etwas anderen, aber vergleichbaren Messmethode. Ergänzend hierzu kam am Morgen die tiefste Temperatur, gemessen 5 Zentimeter über Grund. Diese Temperatur ist gemeint, wenn man von Bodenfrost spricht.

Aber auch im Boden selbst wurde und wird gemessen, und zwar in 5, 10, 20, 50 und 100 Zentimetern Tiefe, das ist gleichfalls internationaler Standard. Interessant sind diese Daten unter anderem, um festzustellen, wie tief der Frost ins Erdreich eingedrungen ist (die sogenannte Frosteindringtiefe). Zugleich wird so der Erdbodenzustand eingeschätzt. Ist er trocken, feucht, nass oder gefroren?

Auch Schnee musste, als ich beim Meteorologischen Dienst begann, noch ohne große automatische Unterstützung eingeordnet werden – in nassen oder trockenen, gleichmäßig oder verweht liegenden.

Zu all diesen Messungen und Schätzungen kam die Augenbeobachtung. Wie viel Bewölkung zeigte sich am Himmel? Mit dem Zählen der Wolken kam man nicht weit, aber mit der Abschätzung des Bedeckungsgrades. Hierfür wurde der Himmel in Achtel eingeteilt und man musste überlegen, wie viel Achtel komplett mit Wolken ausgefüllt wären, würde man alles Gewölk zusammenschieben. Wichtig war auch die Bestimmung der Wolkenart, alles gemäß des internationalen Wolkenatlas'. In diesem hat man festgelegt, was eine Cumulus-, eine Schicht- oder eine Cirruswolke ist, mit all ihren Unterarten in den verschiedenen Höhen der Troposphäre.

Doch die Augenbeobachtung ging weiter. Wie weit konnte man schauen? Jede Wetterstation hatte Sichtmarken in der näheren und weiteren Umgebung, die der Orientierung dienten. War zum Beispiel eine Kirchturmspitze in 20 Kilometern Entfernung gerade noch zu sehen und befanden sich entfernter liegende Sichtmarken hinter einem Dunstschleier, konnte man die Sichtweite auf 21 oder 22 Kilometer festlegen.

Schließlich musste natürlich noch zur Erfassung des aktuellen Wetterzustandes festgehalten werden, ob es gerade regnete oder schneite – und wenn ja, wie stark. Diese Aspekte waren allerdings permanent zu dokumentieren, folglich hatte man im Dienst schon darauf zu achten, was zwischen den stündlichen Beobachtungsterminen draußen los war. Wenn beispielsweise Regen angekündigt war, ging es doch immer wieder vor die Tür, damit man dessen Beginn nicht verpasste. Die Wetterstation in Berlin-Dahlem besaß hierfür einen elektrischen Regenmelder, eine unter schwachem Strom stehende Metallplatte im Freien. Trafen Regentropfen darauf, ging im Dienstraum des Wetterbeobachters ein rotes Licht an. Bei Vogelschiss allerdings auch. So einen Regenmelder, eine geniale Erfindung, habe ich in meiner Laufbahn jedoch nur in Dahlem kennengelernt, die zum Meteorologischen Institut der Freien Universität gehörende Station wollte es offenbar ganz genau machen.

Seine Wetterbeobachtungen hatte der Diensthabende jede Stunde in ein Beobachtungstagebuch einzutragen, im Falle des Beginns oder Endes eines Schauers minutengenau auch zwischendurch. Hierbei handelte es sich aber nicht um ein in Leder eingeschlagenes oder mit Einhörnern bedrucktes Tagebuch, wie Teenager es benutzen. Es war ein schnödes A3-Blatt mit Tabelle, jede Stunde (fachlich korrekt: jeder Termin) hatte eine Zeile, jeder meteorologische Parameter eine Spalte. Hinzu kam noch Raum für die Beobachtung zwischen den Terminen.

So füllte sich nun, beginnend um 0 Uhr, dieses Blatt Kästchen für Kästchen und Zeile für Zeile, das Wetter eines ganzen Tages wurde auf einem Blatt festgehalten. Der Sinn des Ganzen hatte weniger damit zu tun, das tägliche Wetter zu registrieren und zu archivieren. Viel wichtiger war es, die Wetterbeobachtung an die Zentrale Wetterdienststelle weiterzuleiten – in der DDR befand sich diese in Potsdam, in der Bundesrepublik damals wie heute in Offenbach. Und das nicht per Telefonplausch – den konnte es schon allein deshalb nicht geben, weil alle Wetterstationen gleichzeitig ihre Meldung absetzen mussten, und zwar jeweils zehn Minuten vor der vollen Stunde.

Eine solche Wettermeldung sah beispielsweise folgendermaßen aus:

SMDL DWBD 131800
AAXX 13181
10381 01983 41905 10195 20159 30016 40109 57010 69902
76162 84070 333 10242 20121 31010 55300 69907 81360
84365=
NNNN

Ein Geheimcode? Nein, die Wetterdaten wurden nach dem international einheitlichen Wetterschlüssel mit dem klangvollen Namen FM12 verklausuliert. Wenn man so will, ist dies das Esperanto der Meteorologie. Jeder, der diese „Sprache", diesen Code kennt, weiß, wie das Wetter an der Station ist, von der die Meldung stammt.

Es würde zu weit führen, an dieser Stelle den gesamten Code zu erklären, im Internet findet man unter dem Suchbegriff „FM12" die komplette Erläuterung. Als kleines Entschlüsselungsbeispiel sei hier die wohl wichtigste Zahlengruppe genannt, beginnend mit 10381, der Stationskennung. Die 10 steht für Deutschland, die 381 für Berlin-Dahlem. Jede Wetterstation kann so über eine Nummer identifiziert werden. Die folgenden Kombinationen stehen für Parameter wie Sichtweite, Bedeckungsgrad, Windgeschwindigkeit. Auch die Lufttemperatur verbirgt sich natürlich darunter, in der vierten Gruppe bedeutet die 10195 beispielsweise 19,5 Grad Celsius. In der ersten Zeile weist die Gruppe 131800 darauf hin, dass die Beobachtung vom 13. eines Monats um 18:00 Uhr Weltzeit stammt.

Jedes Rechenzentrum der verschiedenen nationalen Wetterdienste kann so eine verschlüsselte Wettermeldung verarbeiten, und, es sei noch einmal betont, jeder gut ausgebildete Wetterbeobachter kann sie „von Hand" lesen.

Diese Methode wurde und wird exakt so auf der ganzen Welt angewandt und macht bis heute einen Datenaustausch überhaupt erst möglich. Durch die international standardisierte Messtechnik und Messmethode sind die erhobenen Daten miteinander vergleichbar. Mittlerweile liegen jahrzehntelange Messreihen vor oder sogar die kontinuierlich erfassten Daten von mehr als einem Jahrhundert, oft vom gleichen Standort. Wetterstationen leisten so ihren Beitrag für die Erfassung des aktuellen Wetters und durch die Speicherung der Daten spielen sie die Hauptrolle bei der Einordnung der aktuellen globalen Erderwärmung. Man kann die Entwicklung des Weltklimas bis mindestens 1880 aufgrund von Messdaten zurückverfolgen, an einigen Orten sogar bis zum Beginn des 18. Jahrhunderts.

Wo stehen Wetterstationen?

Wetterstationen sollen mit ihren Messungen das Wetter des Standortes repräsentieren. Die Topografie spielt hier eine gewaltige Rolle, schließlich ist die Landmasse unseres Planeten nicht platt wie ein Teller. Selbst Gebiete, die als Ebene gelten, weisen sanfte Hügel und Senken auf – das kennen wir nicht zuletzt von der Norddeutschen Tiefebene. In Gebirgen gibt es – wenig überraschend und ganz offensichtlich – große Höhenunterschiede, an Küsten treffen Wasser und Land unmittelbar aufeinander.

All dies führt zu regionalen Wetterunterschieden, und sei es auch nur zu einer divergierenden Temperatur, beispielsweise zwischen zwei verschieden hoch liegenden Orten. Hierbei muss die Höhendifferenz nicht hunderte Meter betragen, es reichen weniger als 10 Meter. So haben Messungen auf Rügen ergeben, dass es in Putbus 0 Grad Celsius sein können, zur gleichen Zeit in Samtens -10 Grad und am Kap Arkona +5 Grad. Solche regionalen Unterschiede lassen sich nur entdecken, wenn man ein Messnetz immer weiter verdichtet. Genau diese Strategie verfolgt seit Mitte der 1990er-Jahre der Meteorologe Jörg Kachelmann. „So wie wir heute messen, werden wir morgen vorhersagen“, hat er einst gesagt. Wenn Ihnen dieser Satz irgendwie bekannt vorkommt, haben Sie in der DDR gut aufgepasst. Er klingt nach der Weberin Frida Hockauf. Ihr wird die in den 50er-Jahren propagierte These zugeschrieben: „So wie wir heute arbeiten, werden wir morgen leben.“

Die Kachelmannsche Einschätzung teile ich, denn wer wissen will, wie es wird, der muss wissen, wie es ist. Wer nicht weiß, dass es in Morgenröthe-Rautenkranz im Vogtlandkreis im Winter -30

Jörg Kachelmann bei einer Veranstaltung auf Hiddensee (1998)

Grad Celsius kalt werden kann, der wird dies auch nicht vorhersagen. Also wurde dieser Ort von Kachelmann in sein Messnetz aufgenommen, fortan hatten er und seine Mitarbeiter die Messwerte auf dem Tisch und lernten so die örtlichen Besonderheiten kennen. Man konnte vor regionalem Frost warnen – andere, denen die Messwerte verborgen blieben, konnten das nicht, Unkenntnis führt dann zu ungenauen Vorhersagen.

Wenn ich in Mecklenburg-Vorpommern unterwegs bin, zum Beispiel für Vorträge oder Lesungen, höre ich häufig, dass der Ort, an dem ich mich gerade befinde, sein ganz eigenes Wetter habe. Schauer verfehlten diesen magischen Ort in schöner Regelmäßigkeit – und überhaupt sei es hier oft kälter oder wärmer als vorhergesagt. Man hat auch stets die Ursache für dieses exklusive Wetter parat. Jeder Ort hat in der Umgebung Neuposemuckeler Berge oder das Kleinkennstenicher Moor, für die den halben Atlantik überquerenden Wetterfronten sei hier einfach Schluss. Der sich über tausende Kilometer um die Nordhalbkugel schlängelnde Jetstream, das Starkwindband, welches die Wolkenströme in fünf bis zehn Kilometern Höhe lenkt, nimmt vieles in Kauf: die Rockies in Kanada, Grönland, den großen Ozean, die Britischen Inseln, Rhein, Weser und Elbe. Doch irgendwann ist Schluss, er gibt sich den steilen, himmelhoch aufragenden Wänden des Mecklenburger Höhenrückens und den hunderten Seen geschlagen. Spätestens die Peene gibt ihm den Rest. Kein Gewitter hat es je über den vorpommerschen Amazonas geschafft, die Menschen an der Mündung wissen gar nicht mehr, was Blitz und Donner überhaupt sind, geschweige denn, was ein ordentlicher Schauer sein soll, von dem im Wetterbericht zuweilen die Rede ist. „Immer zieht hier alles vorbei, nie kommt was an!", heißt es. Auf Nachfrage wird aus dem „immer“ dann meistens ein „kommt schon mal vor“ oder ein „naja, vielleicht nicht immer“, was mich nicht nur sehr beruhigt, sondern meine Erfahrungen auch bestätigt.

Natürlich findet sich in unseren Breiten kein Ort, dem Schauer „nie“ Regen spendieren, genauso wie wenige Kilometer davon entfernt keine Stelle vorhanden sein dürfte, die ständig von Regengüssen heimgesucht wird. Wäre es so, ergäbe sich ein Landschaftsbild, in dem sich in Wanderdünen eingebettete Dorfoasen mit auf Pfählen errichteten Moorsiedlungen abwechselten. Da dem nicht so ist, muss es über die Monate oder Jahre dann doch so etwas wie einen Ausgleich zwischen nassen und trockenen Phasen geben.

Bei der Temperatur sieht dies schon anders aus, ich hatte es bereits beschrieben. Hier hängt vieles davon ab, ob ein Ort eher auf einem Hügel oder in einer Senke liegt. In der Niederung ist es nach klaren, windarmen Nächten kälter als auf der Anhöhe. Der Einfluss größerer Gewässer auf die unmittelbare Umgebung ist nachvollziehbar. Neubrandenburg wird an einem heißen Sommertag bei Südwind vom langgezogenen Tollensesee gekühlt, Grimmen, ganz ohne See, nicht. In Klink am Westufer der Müritz wird es im Winter bei Ostwind und offenem Wasser nicht so kalt wie in Kargow-Schwarzenhof auf der anderen Seite des Sees, das eingebettet in einem vor dem Wind schützenden tiefen Wald liegt.

Es gäbe noch hunderte Beispiele, die deutlich machten, dass im Grunde jeder Ort eine Wetterstation nötig hätte. Gebraucht wird dazu eigentlich nur eine Freifläche, die Platz für eine Messeinheit zur Ermittlung von Temperatur, Niederschlag und Wind bietet.

In großen Städten reicht ein Messpunkt meist nicht aus, denn in der Innenstadt ist es grundsätzlich wärmer. Für wen soll man eine Vorhersage der Temperatur machen, wenn sie in Rostock am Doberaner Platz in einer Sommernacht nicht unter 20 Grad Celsius sinkt, dafür aber in der nur wenige Kilometer entfernten Südstadt sehr wohl? Da man diesen Umstand als Meteorologe kennt, helfen allgemeine Formulierungen wie: „In der kommenden Nacht kühlt es auf 18 bis 15 Grad ab, in den Zentren der größeren Städte fallen die Temperaturen aber nicht unter 20 Grad.“ Dies wäre dann eine „tropische Nacht“, die offizielle Bezeichnung für Nächte mit einer Tiefsttemperatur von 20,0 Grad und mehr. Richtete sich dann der Sternberger oder Grimmener auf eine „tropische Nacht“ ein, könnte die Enttäuschung groß sein, wenn er möglicherweise in der Frühe bei 18 Grad fröstelnd über den Markt schlenderte. Mit „größere Städte“ würde ich in Mecklenburg-Vorpommern alles ab Parchim aufwärts bezeichnen.

Zurück zu den Wetterstationen. Sie sollen das Wetter des Ortes dokumentieren. Dazu ist es wichtig, sich an die international verbindlichen Richtlinien für das Aufstellen der Messgeräte zu halten, zumindest wenn es eine Station des nationalen Wetterdienstes ist oder privater Wetterdienste mit hohem Anspruch an die Qualität der Messwerte. Die besten Thermometer nützen nichts, wenn nicht strahlungsgeschützt gemessen wird. Alle Temperaturvorhersagen beziehen sich auf diese Art der Messung. Daher sollte es nicht verwundern, wenn das Autothermometer an einem sonnigen Tag viel höhere Werte anzeigt. Es misst zwar in der Regel im Schatten, aber kaum mehr als 30 Zentimeter über der Straße, die sehr viel Wärme abstrahlen kann. In den „Sehr Unsinnigen Vehikeln“ (SUV) mag der Messgeber etwas höher angebracht sein, aber das spielt keine entscheidende Rolle. Dennoch: Autothermometer erfassen sehr gut Bodenfrost – und nicht umsonst erscheint in einigen Fahrzeugen schon bei wenigen Grad über 0 Grad Celsius ein Glättewarnsymbol, schließlich können bei +2 Grad Celsius in 30 Zentimeter Höhe oder mehr am Boden schon 0 Grad oder weniger vorherrschen.

Inzwischen gibt es in immer mehr Straßen, vor allem in den Fahrbahnen der Autobahnen, Messfühler. Sie erfassen die Temperatur von der Oberfläche bis in 30 Zentimeter Tiefe, stellen fest, ob die Fahrbahn trocken oder nass ist, wie viel Wasser sich auf ihr befindet, Windstärke und Windrichtung werden gleichfalls oft ermittelt, meist in wenigen Metern Höhe neben der Fahrbahn. Hinzu kommt noch die Erfassung der Sichtweite im Bereich von unter zwei Kilometern. Elektronische Verkehrsleitsysteme können so zum Beispiel schon vor Nebel warnen, bevor die Fahrzeuge in die „Suppe“ eintauchen.

Kurios wird es bei so einer Nebel-Wetterlage auf der Rügenbrücke. Hier erfolgt die Warnung nicht zeit-, aber ortsnah. Das führt dazu, dass man den Hinweis auf den Nebel zunächst gar nicht sieht, um dann aber im Nebel bei der Vorbeifahrt am leuchtenden Warnzeichen zu erfahren, dass gerade Nebel ist – eine immer sehr beruhi-

Auch die Wetterstation in Vitte auf Hiddensee ist Teil des weltweiten Messnetzes.

gende Erfahrung, macht es einem doch deutlich, dass die Sehschwäche keine organischen Ursachen hat, sondern meteorologische.

Die auf und an Straßen gewonnenen Messdaten ergänzen das offizielle weltweite Netz der Wetterstationen nur in dem Sinne, dass die Daten wirklich exakt dort ermittelt werden, wo Menschen unterwegs sind – für sehr zeitnahe Warnungen vor Ort. Oder für Straßenwettervorhersagen, denn es ist gut zu wissen, ob schon oder noch Frost im Boden unter der Fahrbahn steckt, selbst wenn die Oberfläche Plusgrade aufweist. Steht eine klare Nacht bevor, kann es dann viel schneller glatt werden als ohne eisige Temperatur in der Tiefe. Ansonsten sind derartig gewonnene Daten natürlich nicht mit denen vergleichbar, die nach dem Standard der WMO (World Meteorological Organization) erhoben werden. Folglich fließen sie in keinerlei Klimamodelle ein. Im Internet sind die Autobahnstationen auf „kachelmannwetter.com“ unter „Autobahnwetter“ zu finden.

Mir stehen für meine tägliche Arbeit im Wetterstudio schon seit Jahr und Tag die Bodentemperaturen der Stationen des Deutschen Wetterdienstes zur Verfügung. Mit ihnen lässt sich beispielsweise die Eindringtiefe des Frostes feststellen. Wie bereits erwähnt, wird in 5, 10, 20, 50 und 100 Zentimetern Tiefe gemessen. An der Wetterstation auf dem Potsdamer Telegrafenberg widmet man sich diesbezüglich auch den tieferen Lagen in 2, 4, 6 und 12 Metern. Bis dort dringt kein Frost vor, am tiefsten Messpunkt ist es im Winter wärmer als im Sommer.

In unseren Breiten sind Frosttiefen von einem Meter und mehr extrem selten. 1998 ging es im Nordosten Deutschlands zum Teil bis eineinhalb Meter. Es handelte sich damals um den trockensten Januar seit Beginn der Wetteraufzeichnung, an einigen Orten gab es während des gesamten Monats keinen messbaren Niederschlag, dafür aber strengen Frost unter -15 Grad Celsius und schneidend kalten Ostwind. Dieser hatte über Tage und Wochen durch das Fehlen einer schützenden und isolierenden Schneedecke die Wärme aus dem Boden gezogen. Manche Wasserleitung – laut Vorschrift liegen diese in 80 Zentimeter Tiefe – fror ein und ging kaputt. Dies vor allem in sandigem Boden. Betroffen waren deshalb besonders frisch gebackene Häuslebauer, die ihre Außenanlagen vor diesem Eisjanuar nicht mehr rechtzeitig hatten begrünen können. Verbunden mit noch nicht optimal verdichtetem Boden, war es für den Frost ein leichtes Spiel, rasch und konsequent Schaden anzurichten.

Fazit: Wetterstationen erfassen weit mehr als nur das Wetter im Sinne von Wolken, Wind, Regen und Temperatur. Das weltweite Netz ermittelt meteorologische Parameter zwischen einem Meter Tiefe und mindestens 15 Kilometern über Grund, und dies tagtäglich, rund um die Uhr – manchmal heute noch durch einen menschlichen Wetterbeobachter, in den meisten Fällen jedoch (leider) nur automatisch. Hierbei gilt aber: lieber automatische Stationen als gar keine. Je dichter das Netz ist, desto besser kann das Wetter erfasst werden. Je besser es erfasst wird, desto größer ist der Datensatz, mit dem Computermodelle das Wetter vorausberechnen.

Dass die Rechner überhaupt tätig werden können, haben wir den Helden der Synoptischen Meteorologie zu verdanken, den Entwicklern der Vorhersagemodelle. Diese menschlichen Mathematik-Meteorologie-Hybriden entwickeln die Formeln, mit denen die Supercomputer gefüttert werden. Durch die Kombination ihrer Arbeit mit den Ergebnissen der Forschung ist es möglich, das kommende Wetter zu berechnen – woraus dann die Vorhersage entsteht.

Die Daten jedoch, mit denen hier gerechnet wird, stammen zum großen Teil von solchen Wetterstationen, auf denen ich mein Handwerk gelernt und jahrelang gearbeitet habe. Es lebe die Wetterstation – und hoch lebe jeder Wetterbeobachter!

Potsdam oder Der Beginn der Lehre

Unser Trabi hielt vor einer kleinen Villa, meine Eltern hatten es sich nicht nehmen lassen wollen, mich direkt nach Potsdam zu fahren. Das Angebot war von mir dankbar angenommen worden, denn die Zugverbindung von Parchim in die Stadt an der Havel gestaltete sich alles andere als optimal.

Trotzdem war schon an diesem letzten Augusttag des Jahres 1986 klar, dass ich noch dutzende Male in Parchim in den Personenzug nach Ludwigslust steigen und dort auf den D-Zug nach Berlin-Lichtenberg warten würde, um mit diesem Richtung Hauptstadt zu rumpeln. Dort angekommen, hatte ich zügig die S-Bahn nach Schönefeld zu erreichen, denn vom damals modernen Flughafenbahnhof startete der „Sputnik". Allerdings nicht in den Weltraum. „Sputnik" hieß neben einer sowjetischen Zeitschrift und dem ersten künstlichen Erdtrabanten auch der Doppelstockzug, der die „selbstständige politische Einheit West-Berlin" (so antwortete mein späterer Kollege Thomas Globig stets, wenn er gefragt wurde, woher er komme) südlich umfuhr, um eine Stunde später in der Bezirkshauptstadt Potsdam anzukommen. Hier gab es Anschluss an die Straßenbahn, die schließlich eine halbe Stunde später fast direkt vor dem Lehrlingswohnheim hielt. Man hätte abkürzen können, wenn man in Nauen, noch vor der Hauptstadt, umgestiegen und westlich an West-Berlin vorbei nach Potsdam gefahren wäre. Warum ich das so gut wie nie gemacht habe, erschließt sich mir nicht mehr, wahrscheinlich hat mich Nauen als solches abgeschreckt oder der Bummelzug, mit dem es weitergegangen wäre. Ich wollte durch die Millionenstadt tauchen, ich wollte am Flughafen vorbei, und der rot-weiße „Sputnik" war viel cooler als der an jeder Milchkanne haltende Schleichexpress ab Nauen in Reichsbahngrün. Voll war der sowieso immer, zumindest für mich, und viel früher wäre ich damit auch nicht im Wohnheim gewesen. Also über Schönefeld, als junger Mann von Welt fiel die Wahl zwischen Berlin und Nauen eindeutig aus.

Nur, um diese Vorliebe für das Durchfahren der Millionenmetropole auszuleben, musste der D-Zug pünktlich sein. Das war er fast immer, ein Umstand, den man sich heute kaum noch vorstellen kann. Es gab jedoch einen unter den vielen Sonntagabenden, an denen ich unterwegs war, da wurde klar: Das wird eng, das wird sogar sehr eng. Mein Zug kam derart spät in Lichtenberg an, dass die S-Bahn nach Schönefeld zwar noch fuhr, aber der „Sputnik" nicht mehr, den hatte ich um wenige Minuten verpasst. Das hieß: Übernachtung auf einer harten Bahnhofsbank. Ruhig war es in der Bahnhofshalle, schließlich fuhren ja kaum noch Züge. Die Reichsbahner vor Ort gestatteten mir, mein Lager aufzuschlagen. In der Frühe weckten mich die

Reinigungsmaschinen, auch gut, so verpennte ich den ersten Zug nach Potsdam nicht. Wobei pennen nicht das beschreibt, was ich auf der Bank versucht hatte hinzubekommen. Es war eher ein Dahindämmern. Hundemüde stieg ich in die Potsdamer Straßenbahn, es würde wieder sehr, sehr knapp werden, diesmal, um noch pünktlich zur ersten Unterrichtsstunde zu erscheinen. Doch es klappte. Ich saß im Unterricht in meiner eigenen Duftwolke aus Reichsbahn-, S-Bahn- und Bahnhofsgerüchen, übernächtigt, hungrig und durstig. Mag sein, dass Meteorologie gelehrt wurde, oder doch Mathe? Ich weiß es heute nicht mehr und wusste es wahrscheinlich selbst an jenem Tag nicht.

Dieses stundenlange Reisen von Parchim nach Potsdam an jedem Sonntag und die Fahrt zurück an jedem Freitagnachmittag habe ich hingenommen. Natürlich fiel der Abschied von Freundin und Familie daheim jedes Mal schwer, so ein Wochenende ist schon ziemlich kurz. Aber ich freute mich auch immer auf meine Klassenkameradinnen und -kameraden. Und ganz besonders auf das Leben im kleinen Wohnheim.

Dass wir eine ziemlich tolle Truppe waren, wurde schon in der ersten Nacht im Lehrlingswohnheim, kurz LWH, klar. Die machten wir durch, stundenlang Witze und anderen Blödsinn erzählend, so, wie es nur 16-Jährige können. Wir, die sechs Jungs von Zimmer 1, hatten der Fachkraft, die nächtens im Nachbarraum Wache schob, klar gemacht: Jetzt sind wir hier, wir sind lustig und natürlich unfassbar cool. Mehrfache Hinweise darauf, dass mittlerweile Nachtruhe sei, ignorierten wir. Zunächst baten wir höflich um Nachsicht. „Sie müssen das verstehen, wir haben uns viel zu erzählen, schließlich haben wir uns über 16 Jahre nicht gesehen“, entgegnete mein Klassenkamerad und späterer bester Freund Dirk auf eine Ermahnung der Nachtwache. Diese Nacht voller Gelächter, Ausgelassenheit und Frechheit unsererseits brachte uns einen Verweis ein. Das störte uns zwar nicht, nach außen zeigten wir uns gegenüber den Heimerziehern aber selbstverständlich einsichtig.

Fortan umwehte die Bewohner des Zimmers mit der Nummer 1 ein Hauch von Rebellion und Unangepasstheit. Und wir bauten kontinuierlich diesen Ruf aus. So kamen wir grundsätzlich zu spät zum

Frühstück. Auf dem Weg ins Bad mussten wir durch den Frühstücksraum, die Mädels saßen dort schon und aßen, während wir die Szenerie einer nach dem anderen lässig gähnend mit unseren Kulturbeuteln durchschritten.

Wir konnten uns die Zeit auch nehmen, denn wir wählten, natürlich, einen anderen Weg zur Schule als alle restlichen Heimbewohner. Die meisten fuhren mit der Straßenbahn zum Zentralen Busbahnhof und von dort mit dem Bus zur Betriebsschule in der Michendorfer Chaussee 23, das nahm mehr Zeit in Anspruch und erforderte einen früheren Aufbruch in den Berufsverkehr. Wir hingegen nahmen die Fähre über die Havel. Unser LWH befand sich auf dem Kiewitt, einer Halbinsel in der Brandenburger Vorstadt. Die Havel war zwei Gehminuten entfernt, der Fähranleger etwa zehn Minuten. Die Pendelfähre brachte uns ans andere Ufer nach Hermannswerder, von dort waren es weitere zwanzig Minuten bis zur Schule, durch Gartenanlagen und Wohngebiete der Templiner Vorstadt zum bewaldeten Hügel, auf dem der Meteorologische Dienst der DDR seinen Hauptsitz

In Vorbereitung einer LWH-Disco (1987)

hatte. Neben der Zentralen Wetterdienststelle und dem Rechenzentrum befand sich hier auch die Betriebsschule.

Um aller Coolness noch die Krone aufzusetzen, liefen wir selbstverständlich nicht mit lumpigen Schultaschen oder Rucksäcken durch die Stadt. Alles, was wir für einen Unterrichtstag brauchten, trugen wir in festen Aktenkoffern. Das sah sehr, sehr wichtig aus – und darauf kam es schließlich an. Sechs unfassbar wichtig aussehende 16- oder 17-jährige Jungs schritten über Kiewitt, Fähre und Templiner Vorstadt und vor der Rückkehr ins LWH oft auch durch die nahegelegene Kaufhalle der HO, der staatlichen Handelsorganisation der DDR.

Die Schule bot alles, was eine Schule bieten kann, Lehrerinnen und Lehrer verschiedenster Art. In unserer Wahrnehmung konnte man diese in dumm, toll, fies, gut, lustig, langweilig und mittelprächtig einteilen. Als Jugendlicher ist man traditionell gnadenlos in seinem Urteil und zweifellos liegen schlechte Noten am Lehrer. Was kann man als Lehrling auch dafür, wenn dieser es nicht so erklärt, dass man es versteht? Meine Noten rauschten in den Keller, vom Mathe-Abschluss 1 an der Polytechnischen Oberschule auf eine 5 im ersten Halbjahr der Lehre, dies war ich gar nicht gewohnt. Das konnte ja wohl nicht daran liegen, dass das Leben im LWH zu sehr ablenkte und man eigentlich ganz andere Sorgen und Interessen hatte. So war es viel wichtiger zu wissen, wo es Westturnschuhe gab oder wie man seine Kassetten mit der besten Musik von Westsendern füllte, wenn die aus dem Ost-Radio zu langweilig erschien.

Gute Titel, am besten jene, in die kein Moderator reinquatschte, waren schon deshalb von Nöten, weil mein bester Freund und ich als die Keller-DJs des Heims fungierten. Wir koppelten unsere Kassettenrekorder im Partyraum so gekonnt aneinander, dass lückenlos Musik gespielt werden konnte. Diese umfasste schlussendlich alles, was wir irgendwann mal auf NDR 2, dem SFB, RIAS 2, DT 64 oder bei „Wünsch Dir doch mal Tanzmusik“ von „Stimme der DDR“ aufgenommen hatten. Meine Funktion als DJ hatte ich übrigens geschickt gewählt, ersparte sie mir doch das Tanzen. Das war nicht nur für mich, sondern auch für alle anderen eine Win-Win-Situation.

Natürlich hatten wir uns nicht in Potsdam zusammengefunden, um eine schöne Zeit miteinander zu haben. In erster Linie sollten wir etwas lernen, idealerweise das, was wir in unserem späteren Beruf auch brauchten. Lange Zeit lief es bei mir mehr schlecht als recht, Mathe war ein Graus, doch ich hatte glücklicherweise einen Klassenkameraden, der in diesem Fach ein Ass war.

Der Unterricht in Meteorologie erwies sich immer als interessant. Unser Lehrer, Herr Hoberg, konnte gut erklären. Da mich ja nun Wetter besonders faszinierte, empfand ich das als ein großes Glück. In den anderen Fächern lernten wir unter anderem die Messtechnik kennen (Informationsgewinnung) und wie wir unsere Wetterbeobachtung von der Station in die Zentrale übermitteln konnten (Informationsübertragung). Natürlich durfte Staatsbürgerkunde nicht fehlen, Sozialistisches Recht ebenso wenig.

Die Unterrichtsstunden hierfür gab es in der Ausbildungsstätte für Lehrlinge der Deutschen Post – der Postschule – gegenüber, hier waren wir vom Meteorologischen Dienst nur Gast. Die Lehrer dort boten in dutzenden Unterrichtsstunden eine Einführung in die gerade aktuelle Übertragungstechnik. Wir lernten, wie man einen Fernschreiber (Telex) bediente und erhielten am Ende auch die Befähigung dafür, dies zu tun. Man brauchte eine offizielle staatliche Erlaubnis, um einen Fernschreiber zu benutzen. Da die Postschule eine Turnhalle hatte, fand dort auch unser Sportunterricht statt.

Die Sache mit dem Sport nahmen wir Jungs allerdings nicht ernst. Weil es am Tage der Leichtathletik-Prüfung nieselte, traten wir nicht an – mit dem Hinweis, wir könnten uns erkälten. Bedauernd fügten wir hinzu, dass sich eine mögliche Erkrankung negativ auf die Prüfungen in den anderen Fächern auswirken dürfte. Ich weiß nicht mehr, ob wir die Begründung der Verweigerung damals selbst geglaubt haben. Fakt ist, wir hatten Erfolg, die Prüfung fiel aus. Allerdings mussten wir zu einem späteren Zeitpunkt ran, ohne Prüfung gab es keinen Facharbeiterabschluss. Da sollte es dann aber nicht nieseln, wir erfreuten uns auch im Nachgang bester Gesundheit.

Während der Aufenthalte in Potsdam entstand mein allererstes Buch, genauer gesagt: eine Co-Produktion mit meinem Klassenkameraden Lutz Schmidt. Während der Mathe-Nachhilfe stellten wir fest, dass wir zwar nicht die Begeisterung für dieses Fach teilten, aber den Humor. Wir glitten oft ab, ersannen nach Ping-Pong-Art Erklärungen

Titel der legendären Publikation „Wissenschaft aktuell", erste und einzige Ausgabe (1987)

Der in der Zeichnung dargestellte schraffierte Teil erscheint bei Tage blau. Deutlich ist auch die Himmelskrümmung zu erkennen.

DER ERDMOND 1. Teil: Der Halbmond

Nun möchten wir auf die Frage nach der Entstehung des Halbmondes eingehen und diese an einem praktischen Beispiel erläutern.

Unsere Theorie beruht auf die Ätzkraft des Sonnenlichtes, das heißt, daß der Mond vom Sonnenlicht zerätzt wird und er sich erst im Erdschatten erholt. An einigen Skizzen möchten wir dieses verdeutlichen.

A

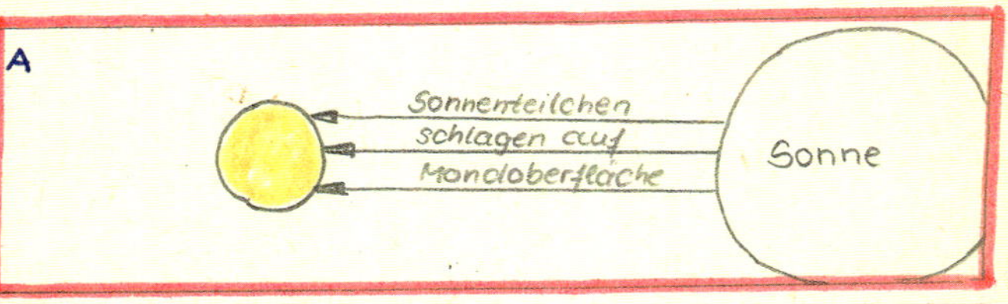

B

2

Beispiel für eine unserer grandiosen Erklärungen naturwissenschaftlicher Phänomene

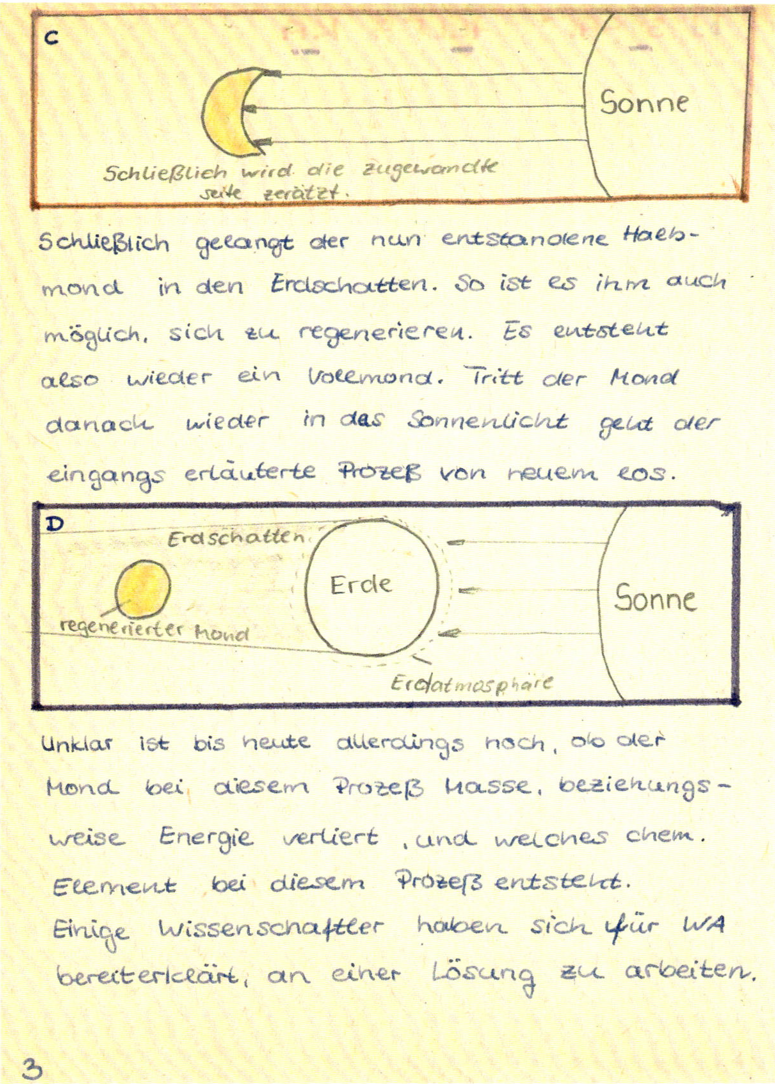

Schließlich gelangt der nun entstandene Halbmond in den Erdschatten. So ist es ihm auch möglich, sich zu regenerieren. Es entsteht also wieder ein Vollmond. Tritt der Mond danach wieder in das Sonnenlicht geht der eingangs erläuterte Prozeß von neuem los.

Unklar ist bis heute allerdings noch, ob der Mond bei diesem Prozeß Masse, beziehungsweise Energie verliert, und welches chem. Element bei diesem Prozeß entsteht.
Einige Wissenschaftler haben sich für WA bereiterklärt, an einer Lösung zu arbeiten.

3

Diese Seiten mussten übrigens dank der Rotstiftkorrekturen unseres Lehrers neu erstellt werden.

für Naturphänomene, die zwar glaubwürdig klangen, aber völliger Blödsinn waren. Kaum hatte ich einen absurden Gedanken geäußert, konnte Lutz dem noch einen schrägeren hinzufügen. Wir schrieben alles auf und nannten unser dabei entstehendes Buch „Wissenschaft aktuell“, kurz: WA. Um den aktuellen Charakter noch zu unterstreichen, fügten wir dem Titel das Jahr des Erscheinens hinzu: 1987. Wir waren stolz, als wir die fertige Ausgabe in den Händen hielten. Handgeschrieben, mit eingeklebten Fotos aus diversen Zeitschriften und mit allerlei bunten Filzstiftzeichnungen grafisch aufgepeppt, konnte man in unsere Welt der Wissenschaft eintauchen.

Ein Ziel war, dass die Leser zumindest einen Moment lang zweifeln sollten, ob ihr Wissen korrekt oder nicht doch unsere Erklärung zumindest im Bereich des Möglichen war. Oder was glauben Sie, warum die Pflanzen grün sind? Photosynthese? Chlorophyll? Sie sind sich sicher? Unsere Erklärung war eine andere: „Durch jahrelange Forschung sind wir zu der Erkenntnis gekommen, dass die Pflanzenfarbe eventuell mit der Lichtbrechung zu tun haben könnte. Unsere Theorie lautet folgendermaßen: Wie Sie sicherlich schon beobachtet haben, ist die Sonne gelb und der Himmel blau. Und das ist der entscheidende Punkt. In den Chlorophyllen wird das gelbe Licht der Sonne und das blaue Licht des Himmels gespeichert (aufgenommen). Dadurch, dass die Pflanze ständig Wasser aufnimmt, werden die Farben durch das Wasser vermischt. Und jeder weiß, wenn man Gelb und Blau mischt, entsteht Grün …“ Und so weiter und so fort.

Unser Klassenlehrer hatte dieses brillante Werk noch vor Fertigstellung eingezogen und es tatsächlich fertiggebracht, mit dem Korrigieren zu beginnen. So vermerkte er, dass die Sonne keine Nachtseite habe – was wir allerdings in einem Artikel, aus unserer Sicht gut begründet, behaupteten. Rasch erhielten wir unser Opus wieder zurück, das meiste hatte er dann doch nicht mit Korrekturen versehen. Entweder wollte unser Lehrkörper lieber nicht glauben, dass wir das alles ernst meinten, oder er hatte doch so viel Humor, um die Fertigstellung nicht weiter zu behindern.

Bis heute existiert nur dieses eine Exemplar von damals, stark ramponiert, aber noch weitgehend lesbar. Die Lektüre belustigt immer noch – doch leider gibt es einen faden Beigeschmack. Mein Co-Autor Lutz Schmidt ist vor wenigen Jahren viel zu jung an Krebs gestor-

Co-Autor und Mathe-Ass Lutz Schmidt in Zimmer 1 (1987)

ben, er hatte unseren gesammelten Blödsinn seit der Lehre nie wieder gelesen. Von seinem Witz abgesehen, war er das Mathe-Ass der Klasse, ohne seine Hilfe hätte ich in diesem Fach wirklich kein Land gesehen. Bei unserer Lehrerin verstand ich nichts. Sie hätte auch Mandarin sprechen können, wenn sie über irgendwelche Graphen fabulierte, die gegen Null liefen und diese Null aber nie erreichten, komme was wolle. Mir lag auf der Zunge zu fragen, was denn die Frau Gräfin dazu meine, wenn der Herr Graf sich in Sinnlosigkeiten verliere. Ich habe es dann doch bleiben lassen, schließlich wollte ich meinen Zensurendurchschnitt von 4,5 nicht gefährden. Da ging es mir lange wie dem Grafen, der die Null nicht erreichte, nur dass es bei mir die 4 war. Am Ende wurde es, Lutz sei Dank, doch noch eine solide 3 – ob der Graf die 0 heute noch sucht, habe ich nicht in Erfahrung bringen können.

Schwerin, ein Radiergummi und die Tassen im Schrank

Wie jede Lehre bestand die unsrige nicht nur aus Theorie, sondern auch aus Praxis. Letztere sollten uns die Mitarbeiter der Meteorologischen Stationen vermitteln. So ein Praktikum war natürlich viel schöner als der dröge Unterricht in der Betriebsschule. Verschlechtern konnten sich nur die Unterkünfte, wir villaverwöhnten Lehrlinge kamen nun meist in einfachen Wohnheimen unter.

Gleich zweimal ging es für mich nach Schwerin, vermutlich weil ich aus dem Norden kam und lange Fahrzeiten zum Einsatzort vermieden werden sollten – und wohl auch, weil in Schwerin bis 1987 das Wetteramt angesiedelt war, eine Art regionale Sammelstelle von Wetterdaten der Messstationen aus den drei Nordbezirken. So gab es hier mehr Angestellte als an einer gewöhnlichen Beobachtungsstation und man lernte viele Leute kennen.

Die schrägsten Typen gab es im Beobachtungsdienst. Einer von ihnen, so liebens- wie bemerkenswert, sammelte Steine. Das durfte man so aber nicht sagen, denn aus seiner Sicht waren es Mineralien. Er verpasste trotzdem nicht die tägliche Durchsage der Temperaturen von Radio Moskau, schließlich war dies die einzige Möglichkeit zu erfahren, ob der Winter von Osten nahte oder nicht. Das erwies sich im Winter meines ersten Praktikums allerdings als keine offene Frage mehr. Es war in Mecklenburg mindestens so kalt wie in Moskau, die Tatra-Straßenbahn, die uns vom Wohnheim in Lankow hinauf in die Stadt bringen sollte, hatte oft Verspätung, weil so ziemlich alles eingefroren war, was an einem derartigen Vehikel einfrieren konnte, unter anderem die Türen. Dafür zauberte Väterchen Frost bizarre Eisblumen an die Waggonfenster.

Vor allem aber tauchte man im Praktikum ins wahre Leben an einer Wetterstation ein und lernte einige Kniffe der Wetterbeobachtung. Mir ist vor allem der Stationsleiter, Herr Brüning, in Erinnerung geblieben, und zwar in guter. Er war gebürtiger Parchimer wie ich und stand damals schon kurz vor der Rente. Wir plauderten viel über dies und das. Seine Bestimmung fand der freundliche Kollege offenbar nicht ausschließlich in der Verfolgung des Schweriner Wettergeschehens, sondern unter anderem in der Malerei. So entstanden in den Nachtdiensten, die sehr, sehr ruhig sein konnten, kleine Kunstwerke. Er malte Postkarten ab, aus ihnen machte er Gemälde, größer als die Vorlage selbst.

Seine Verschmitztheit wurde mir spätestens in einer stürmischen Nacht klar, als er mir einen „Trick" verriet, wie man sich den Dienst trotz unruhigen Wetters etwas entspannter gestalten könne. Man brauchte dafür einfach nur einen Radiergummi. Und das ging so: Die aktuelle Windgeschwindigkeit wurde permanent aufgezeichnet, und zwar auf einer waagerecht liegenden und sich sehr langsam um die eigene Achse drehenden Trommel. Diese war vollständig mit einer Art Thermopapier bespannt, ein kleiner, gelegentlich feinste Funken sprühender feiner Stift zeichnete von oben kommend auf der Trommeloberseite in schwarzen Linien die aktuelle Windrichtung und -geschwindigkeit auf. Gab es eine Böe, war auf dem Papier ein scharfer Strich nach links zu sehen, die aufs Papier gedruckte Skala verriet, wie stark der Windstoß gewesen war. So weit, so gut. Da es routinemäßig nur jede Stunde eine Wettermeldung abzusetzen gab, zwischendurch aber als gefährlich eingestufte Wetterereignisse auftreten konnten, musste für diesen Fall eine Gefahrenmeldung an die Zentrale geschickt werden. Beim Wind gab es beispielsweise einen genau festgelegten Schwellenwert, wurde dieser erreicht oder überschritten, hatte der Diensthabende so schnell wie möglich Meldung zu machen. Da allerdings niemand sonst auf der Welt wusste, wie stark der Wind gerade an der eigenen Station wehte, hatte der Wetterbeobachter die Macht zu entscheiden, bis wohin der Ausschlag des Schreibstiftes auf der Trommel ging. Was, wenn der Stift bei seinem wilden Spiel auf ein Hindernis stieß? Was, wenn an genau der richtigen Stelle ein Radiergummi auf der Trommel lag und die Aufzeichnung der Böe kurz vor dem Erreichen des Schwellenwertes endete?

Selbstverständlich hatte Brüning mir mit dieser Vorführung nur zeigen wollen, welche Tricks er vom Hören kannte, selbst angewendet hat er sie nie.

Ich wollte im Praktikum mein Bestes geben und zeigte Einsatzbereitschaft. Diese äußerte sich unter anderem im freiwilligen Schneeschaufeln auf den Wegen des Messfeldes vor dem Stationsgebäude. Schließlich sollte man ohne auszurutschen zum Niederschlagsmesstopf, dem Luftgütemessschrank und zur Thermometerhütte kommen. Und natürlich auch zum Messfeld der Erdbodentiefenthermometer, die nach Schneefall kaum noch erkennbar waren. Kurzentschlossen beräumte ich auch diese laut Vorschrift nicht von Gras bewachsene, vielleicht zwei Quadratmeter große Fläche bis auf den nackten, gefrorenen Erdboden. Kaum hatte ich das erledigt, schallte es aus dem zweiten oder dritten Stock des Stationsgebäudes unüberhörbar: „Haben Sie noch alle Tassen im Schrank?“ Ich blickte irritiert in die Richtung des Rufers. Es war der große Chef, also der des gesamten Wetteramtes, und er wirkte sehr erregt. Zu Recht, wie auch mir langsam klar wurde: Denn dieses sandige Erdbodenmessfeld durfte auf keinen Fall von Schnee befreit werden, schließlich sollte die Messung das gerade Vorherrschende abbilden. Und das war ein schneebedecktes Schwerin. Die Erdbodentemperatur wird am Boden gemessen, an diesem Tag folglich unter der Schneedecke. Peinlich berührt und mit hochrotem Kopf machte ich es Frau Holle gleich und ließ vorsichtig etwa so viel Schnee auf die kahle Stelle rieseln wie vorher dort gelegen hatte. Die Fläche noch leicht glattgestrichen, lebte ich von der Hoffnung auf etwas Neuschnee, der meinen Fauxpas rasch verdecken würde.

Warnemünde, Schiffsmeldungen und Polonaise

Was soll man über Warnemünde Schlechtes sagen? Es war, wie man es sich vorstellt: Alter Strom, Fischerboote, Teepott und Leuchtturm, Hotel Neptun. Und eine alte Villa an der Strandpromenade. Darin war die Seewetterdienststelle untergebracht. Diese wurde 1987 durch einen zweiten Standort in der nahen Parkstraße ergänzt.

Man hatte dort ein neues Gebäude errichtet, denn seinerzeit zog das für den Norden der DDR zuständige Wetteramt von Schwerin nach Rostock um. Markant ist ein kleiner Turm, der von einer weißen Kuppel gekrönt wird. Diese dient als Schutzhaube für das Niederschlagsradar, das sich unablässig dreht. Der Radarstrahl tastet die Umgebung nach Niederschlag ab, bis zu einer Entfernung von etwa 100 Kilometern. Auf seinem Weg von der Parkstraße nach Osten steht ihm allerdings das Hotel „Neptun" im Weg. Der Strahl soll Regentropfen oder Schneeflocken aufspüren, die ihn reflektieren. Das Echo lässt sich auf einem Bildschirm sichtbar machen. Auf diese Weise sieht man, wo es gerade regnet oder schneit. Damals war das Wissen darum den das Radar betreibenden Wetterämtern vorbehalten, heutzutage gehören diese Radarbilder zu jeder Wetter-App.

Als ich als Lehrling das erste Mal den Turm bestieg – es gibt ein Treppenhaus im Inneren –, warnte man mich gleich, dass es „ziehen" würde, die Außenwände seien etwas undicht.

Doch zunächst versahen wir unseren Dienst in der Villa am Strand, Blick über die Flaniermeile, die Dünen, hinaus auf die See. Leider war uns diese Aussicht nicht immer vergönnt, stattdessen hockten wir in einem meiner Erinnerung nach fensterlosen Raum. Er war zumindest recht dunkel. Mein Klassenkamerad und ich waren unter anderem mit dem Abschreiben von Schiffstagebüchern betraut. Auf Schiffen wurde nämlich, während sie die Meere der Welt befuhren, gleichfalls das Wetter beobachtet und aufgeschrieben, ähnlich wie an den Landstationen. Es war ein wenig große weite Welt, wenn man sich die Koordinaten anschaute, auf denen die Beobachtung stattgefunden hatte. Ich konnte mir 28 Grad Celsius warmes Seewasser nicht vorstellen, doch so manches Schiff verbuchte genau das.

Natürlich wurden die Schiffsmeldungen unmittelbar nach der Messung per Funk weitergeleitet und deshalb füllten sich die Wetterkarten der weltweiten Wetterdienste auch auf den Ozeanen mit der einen oder anderen Temperatur-, Wind- oder Luftdruckangabe. Ihre Bedeutung ist sehr groß, denn im Vergleich zu Inseln oder dem Festland ist das Messnetz auf den Meeren außerordentlich dünn.

Die Wettermeldung eines Schiffes hatte also längst ihren Dienst getan, als wir in der Warnemünder Seewetterdienststelle aus den originalen Schiffstagebüchern unendlich viele Zahlen in Tabellen übertrugen. Sie waren für das Archiv bestimmt, im günstigsten Fall für die Forschung. Das klingt nach einer langweiligen Betätigung – und die war es auch. Fluchtgedanken reiften und schließlich gelang es uns, das Gebäude unbemerkt zu verlassen. Der Strand lockte, die Septembersonne wärmte noch gut und in der näheren Umgebung gab es leckeres Eis. Unseren Auftrag ignorierend, genossen wir den Tag. Bis die für uns abgestellte Ausbilderin – mutmaßlich ihren Augen nicht trauend – ihre Lehrlinge Eis schleckend auf einer Promenadenbank entdeckte. Sie erkundigte sich mit einem harschen „Euch geht es wohl gut?“ nach unserem Befinden. Wir bejahten dies, kamen aber doch dem Wunsch nach, sich wieder in die Dienststelle zu begeben. Schließlich ist man ja Mensch, auch als Lehrling, und stets freundlich.

In Rostock-Schmarl lag unser Wohnheim hoch oben in einem gigantischen Plattenbau mit Blick auf weitere Plattenbauten. Das klingt schlechter, als es war. In der Umgebung gab es das Restaurant „VARNA“ und eine Kneipe namens „Blauer Peter“. Hier wurden ausgetrunkene Biergläser vom Personal derartig schnell durch volle ersetzt, dass man rasch betrunken war und nur noch nach Hause wollte. Die Strecke dorthin hielt sich zum Glück in Grenzen. Das „VARNA“ hatten wir für uns entdeckt, weil das Abendessen im Wohnheim – gelinde gesagt – unter aller Kanone war. Die Gaumen heranwachsender Technischer Assistenten für Meteorologie hatten Besseres verdient. Zumindest fanden wir das. In der Dienstelle wurden wir mittäglich mit Essen aus dem Hotel „Hübner" versorgt. Da gewöhnte man sich einiges ab und an. Durch Wochenendarbeiten und Nachtdienste gab es auf das Lehrlingsgehalt in der Warnemünder Zeit noch Zuschläge, und so erschien uns ein Zigeunersteak mit Pommes im „VARNA" für sechs Mark als angemessen. Das hatte zugegebenermaßen etwas von Dekadenz, doch als Mitarbeiter des Meteorologischen Dienstes konnte man sich nun mal nicht mit einem Käsebrot begnügen.

Wie gut wir drauf sein konnten, wollten wir auch den Fahrgästen der S-Bahn beweisen, mit der wir von Rostock-Lütten Klein nach Warnemünde fuhren – und zwar den Fahrgästen eines ganz bestimmten Zuges: Es war der 11. November 1987 und wir hatten einen Kassettenrekorder dabei. Zwischen a-ha, Madonna und den Pet Shop Boys hatte ich auf der Kassette Gottlieb Wendehals versteckt, konkret: seine Polonaise Blankenese. Dieses, und nur dieses Lied brachten wir am dämmerigen Morgen jenes ersten Karnevalstages den Mitreisenden in der Bahn zu Gehör. Wir fanden das „saukomisch". Wir, sonst überraschenderweise niemand. Falls eine Leserin oder ein Leser dieses Buches damals an Bord des Zuges war und diesen Morgen noch in schmerzhafter Erinnerung hat, die/den bitte ich an dieser Stelle, auch stellvertretend für meinen Kumpel Dirk, um Verzeihung.

In der Seewetterdienststelle gab es interessante Dinge zu entdecken. Wenn ich meinen Kindern davon berichte, dann muss das für sie wie eine Erzählung aus der Steinzeit wirken – für sie ist früher eben früher und dieses „Früher" reicht vom Urknall bis zur DDR.

In dieser DDR stand das nagelneue Wetteramt Rostock, in das rasch der Vorhersagedienst der Seewetterdienststelle verlegt wurde, und in ihm ein schätzungsweise zwei mal zwei Meter großer Schrank. Vor diesem staunten zwei Lehrlinge, denn es geschahen wundersame Dinge: Alle paar Stunden hörte man ratternde Geräusche aus dem kleinen Ungetüm und am Ende spuckte der Schrank ein Bild aus, etwa in der Größe eines DIN-A4-Blattes. Es war eine Aufnahme des Wettersatelliten METEOSAT. Das war sensationell! Ein Foto aus dem Weltraum! Druckfrisch gelangte es auf den Tisch des Meteorologen vom Dienst. Einer von ihnen war übrigens Dr. Rainer Tiesel, mein Held der Kindheit. Ihn hatte ich am liebsten gehört, wenn ich das Wettergespräch aus der Seewetterdienststelle im Radio verfolgen konnte. Das war nur in den Ferien möglich, denn es lief um 7:45 Uhr, da hatte ich in der Regel schon Unterricht.

Die Qualität des damaligen Bildes ist mit der heutiger Satellitenaufnahmen nicht vergleichbar. Gegen das, was sich mittlerweile jeder via Internet anschauen kann, zum Beispiel auf „kachelmannwetter.com“, wirkt die Aufnahme aus den späten 80er-Jahren völlig verwaschen. Wolkenwirbel, Schauerstrukturen, Fronten, all dies konnte man jedoch erkennen. Ein Zoomen war natürlich nicht möglich.

Greifswald, Jiří Korn und der Verlust von Cola

Unvergessen bleibt mein Praktikum in Greifswald. Die Stadt war der Osten, der Osten der DDR, und die war ja bekanntlich schon der Osten. Der Weg von Parchim nach Greifswald führte entweder über Rostock, erst Bus, dann Bahn, oder, wie ich bei einer Rückfahrt erleben durfte, über Berlin-Lichtenberg. Wie es zu diesem Umweg kam, erläutere ich später.

Greifswald habe ich in meiner Lehrlingsbegleitmappe, einer Art Tagebuch, das wir im Praktikum führen mussten, mit einem ganz besonderen Text bedacht. Die Stadt muss auf einen 17-Jährigen, der nach stundenlanger Anreise an einem kalten und trüben Dezembertag dort ankam, einen sehr speziellen Eindruck hinterlassen haben. Oder, sagen wir es deutlich: keinen guten! So schrieb ich mit dem Ziel, dass die verantwortlichen Lehrer in unserer Potsdamer Betriebsschule ruhig wissen sollen, in welch finstere Gegenden sie ihre Schützlinge schickten, eine Beschreibung dessen, was ich dort vorfand:

Die erste Begegnung mit Greifswald

Das erste Mal in meinem Leben sah ich Greifswald. Ich muss zugeben, dass ich doch sehr mit Vorurteilen gegen diese Stadt belastet war. Doch als ich nun selbst hier ankam, da war mir sofort klar, dass die Wirklichkeit meine negativen Vorurteile noch übertreffen wird. Die Stadt ist dreckig und verfallen. Der gute Baustil der Häuser kommt nicht zur Geltung. Der Putz fällt überall ab. Die Versorgungslage ist schlecht. Sich in dieser Stadt wohlzufühlen, dürfte wohl so manchem recht schwerfallen. Aber wie so oft, sind wir [die Lehrlinge] *diejenigen, die das Beste daraus zu machen wissen.*

So, nehmt das, habe ich damals gedacht. Nehmt das und bedauert uns arme Lehrlinge des Meteorologischen Dienstes der DDR, wir sind schließlich nicht irgendwer. Daher ist es auch ein Unding, dass wir, die wir in Potsdam ein kleines, beinahe familiäres Wohnheim nahe der Havel unser Zuhause nennen, nun in einem grässlichen Plattenbau ein seelenloses Zimmer beziehen müssen.

Von einer Villa in die Platte, diesen Frust musste ich mir von der Seele schreiben. Und so setzte ich in meiner Begleitmappe fort:

Das Lehrlingswohnheim

Vom furchtbaren Anblick der Stadt noch nicht ganz erholt, kamen wir zum Lehrlingswohnheim. Die Beschreibung auf dem schönen Zettel, den wir von der Betriebsschule erhalten hatten, wie wir von der Bushaltestelle zum LWH kommen, stimmt absolut nicht … Dennoch haben wir es gefunden, da es von der Haltestelle aus in seiner ganzen Hässlichkeit zu sehen war. Dort wurden wir mit ein paar unfreundlichen Menschen konfrontiert, bevor wir in unser Zimmer gebracht wurden. Das LWH befindet sich in einem katastrophalen Zustand. Die Duschen sind, mit Ausnahme einer, defekt, und in den dafür vorgesehenen Kabinen walten Spinnen ihres Amtes, indem sie ihre Netze spannen und die zahlreich anzufindenden fliegenden Insekten fangen. Die Aborte befinden sich ebenfalls in einem miserablen Zustand. Das ganze LWH macht einen dreckigen Eindruck. Im Zimmer sind die Fenster defekt, manche sind zugenagelt und undicht. Der Raum ist völlig überheizt, da man die Heizung nicht drosseln kann. Das Umfeld ist also nicht so, wie wir es gerne haben möchten. Außerdem ist es im LWH laut, das Essen schmeckt nie. Die Gewährleistung eines angenehmen Aufenthaltes ist nicht vorhanden.

So weit meine damalige Einschätzung. Es mag zwar früher nicht *alles* schlecht gewesen sein, aber einiges schon. Ich erinnere mich noch an den Hausmeister oder Hauswart, eine Art Aufpasser, an dem man vor dem Betreten des Heimes stets vorbeimusste. Als wir eines Abends etwas später heimkehrten, empfing er uns mit der Frage: „Wo kommt ihr gewesen her?", worauf wir zunächst nicht so recht wussten, was wir antworten sollten. Wie wir später feststellten, fuhr der sprachgewaltige Mann einen VW Golf, was für einen Hausmeister schon erstaunlich war. Nicht dass wir es ihm nicht gönnten, aber vielleicht wäre die Frage „Wovon haben Sie den bezahlt gewesen?" ja angebracht gewesen – und er hätte sie unter Umständen sogar verstanden.

Das LWH erwies sich als furchtbar, doch dafür war die Arbeit interessant, das Team der Wetterstation vielleicht etwas schräg, aber nett – eine Kombination, die uns auch an anderen Einsatzorten begegnete. Uns dämmerte allmählich, dass man im Laufe seines Berufslebens so wird, wir wussten nur noch nicht, wie wir das einzuordnen hatten. Immerhin bestand die Möglichkeit, dass man seine schleichende Veränderung selbst nicht bemerkte, und wenn andere einen darauf hinweisen sollten, wäre es vielleicht schon zu spät.

Doch uns ging es dort gut, wir wurden freundlich behandelt. Unfassbar, aber dafür bestens zu genießen, war das Essen, vor allem zum Nachtdienst. Es wurde aus dem nahen Hotel „Boddenhus" geholt, eine Aufgabe für die Lehrlinge. Für eine Mark gab es zum Beispiel Pommes mit Steak und Letscho.

Ich erinnere mich noch an einen Abend, da spielten De Plattfööt im Hotel ein Konzert. De Plattfööt! Ich kannte ihre Lieder auswendig, von *Isenbahnboomupundaldreier* bis zu *Fru Püttelkow ut Hagenow.* Mein Vater liebte die Gruppe und auch ich war als Kind mal auf einem ihrer Konzerte gewesen – in Rom. In Rom bei Parchim, im Festsaal der Dorf- und Ausflugsgaststätte „Zum Römer". Nun standen sie hier auf der Bühne und ich holte hinter ihrem Rücken das leckere Essen für die Kollegen der Wetterstation ab, fein säuberlich in Assietten verpackt.

Greifswald war keine gewöhnliche Wetterstation, an der nur das Wetter beobachtet wurde, vielmehr ließ man hier viermal am Tag einen mit Wasserstoff befüllten Wetterballon steigen. Zuvor lag jeder Ballon tagelang in einem warmen Kerosinbad, damit das gummiartige Material schön geschmeidig wurde. Schließlich sollte sich so ein Riesenkondom – es sah wirklich so aus – bei seinem Aufstieg problemlos ausdehnen können, ohne dass das Material zu früh riss.

Nach dem Einfüllen von etwa 3,5 Kubikmeter Wasserstoff entfaltete sich ein noch recht schlaff gefüllter Ballon. Ein Zustand, den er bei seinem Aufstieg in die Atmosphäre – immer praller werdend, schließlich zu einem Monstrum anwachsend – schnell verlieren würde. Irgendwann, so erzählte man uns, wäre er groß wie ein Einfamilienhaus. Am Ballon hing an einer Schnur ein kleines Päckchen, Radiosonde genannt, darüber ein kleiner Fallschirm. An diesem sank das Technikpaket nach getaner Arbeit zu Boden. Wer so eine Sonde fand, erhielt damals Finderlohn, denn die Landung erfolgte manchmal so sanft, dass man die Messgeräte ein zweites Mal nutzen konnte.

Die Sonde enthielt Sensoren für die Lufttemperatur und die Luftfeuchtigkeit sowie eine kleine Batterie, die all dies mit Strom versorgte. Daran angeschlossen funkte ein kleiner Sender die Messdaten an eine große Antenne auf dem Dach des Stationsgebäudes. Das Funken der Sonde begann schon vor dem Aufstieg. Die empfangenen Messwerte wurden mit denen aus der Thermometerhütte verglichen. Diese Vergleichsmessung war notwendig, um eventuelle Messfehler der Sonde auszuschließen. Stimmten die Daten überein, gab es grünes Licht.

Der Diensthabende stand, ein Zeichen aus dem Kontrollraum erwartend, auf der Wiese, Sonde und Schnur in der Hand, und über ihm der je nach Windstärke mal mehr, mal weniger hin und her wackelnde Ballon. Im Kontrollraum saß der Kollege, der dafür sorgen musste, dass die Funksignale der Sonde korrekt einliefen, und der kaum Platz hatte angesichts all der schweren russischen Technik. Diese musste beim Bau des Hauses bei noch offenem Dach von oben hineingegossen worden sein. Aus dem Metallblock hatte man dann die Gerätschaften geschnitzt, Lämpchen eingebaut und Messgeräte mit Registrierstreifen. Dann das Dach drauf – und fertig war ein Technikraum, der wenigstens der Kommandozentrale der Raumpatrouille

Orion ähnlich sah, wenn nicht sogar der des Nachfolgeraumschiffes mit der Tendenz zum Vorläufer der USS Enterprise. Gab Käpt'n Kirk sein „Go", ließ der draußen wartende Kollege den Ballon in die Höhe entschweben, auf dass er in Regionen vorstieß wie schon viele Radiosonden zuvor.

Der Aufstieg musste in einem festgelegten Zeitfenster geschehen, offenbar um den Luftverkehr von Flugzeugen nicht zu gefährden. Anhand der Drift der Sonde konnte man die Höhe, Windrichtung und Windgeschwindigkeit ableiten. Das Platzen geschah meist in etwa 15 Kilometern Höhe, was in der Regel auch ausreichend war, denn die für das Erfassen von Wetterdaten wichtige Atmosphärenschicht, die Troposphäre, ist genau so dick. Darüber kommt die fast „wetterlose" Stratosphäre. In diese drangen unsere Ballone sowjetischer Produktion nur selten vor, dafür hätte es welche aus besserem Material gebraucht. Wollte man hoch hinaus in die lichten Höhen der Stratosphäre, brauchte man Ballone „Made in USA". Diese hielten bis 35 Kilometer oder mehr durch und waren so wertvoll, dass man sie nur einmal am Tag in den Himmel entließ. Soweit ich mich erinnere, gab es derartige Exemplare in Greifswald nicht.

Ich habe sie an einer anderen „Radiosondenaufstiegsstelle" (RSA) kennengelernt, und zwar an der RSA Lindenberg bei Beeskow, südöstlich von Berlin. In Lindenberg gab es zudem noch ein Observatorium, hier wurde Forschung betrieben. Korrekt hieß die ganze Anlage „Aerologisches Observatorium Lindenberg". Seit 1905 wurde an diesem Ort geforscht, heute ist der Deutsche Wetterdienst für den Betrieb verantwortlich.

Ich kam im März 1988 nach Lindenberg, nicht ans Obs, wie man das Observatorium verkürzend nannte, sondern an die Radiosonde – und tat dort das, was ich in Greifswald gelernt hatte. RSA und Obs teilten sich neben dem Gelände vor allem einen legendären Ort: die Millibar, eine betriebseigene Einrichtung, die in der Abgeschiedenheit der Anlage auch nötig war. Hier feierte ich meinen 18. Geburtstag. Wie man mir damals glaubhaft versicherte, sei eine Feier ohne „Campa", einem Apfelkorn, undenkbar. Nun, ich weiß wenigstens noch, wie alles begann, das Ende des Abends liegt im Nebel, vermutlich ein Vitaminschock ... wegen der vielen Äpfel.

Doch zurück nach Greifswald. Derlei ausgiebige Feierlichkeiten gab es hier nicht, man traf sich nur in sehr kleinem Rahmen, sehr privat in einem sehr großen und am Wochenende auch sehr leeren Lehrlingswohnheim. Wir stellten die einzigen Lehrlinge dar, die Schichtarbeiter waren und somit auch Nachtschichten und Wochenenddienste abzuleisten hatten – während alle anderen Bewohner des Hauses in zwei freie Tage gen Heimat flohen. Folglich hatten wir, mein Klassenkamerad und ich, einen vollständigen fünfgeschossigen Plattenbau samt großem Festsaal, der über die ganze Breite des Hauses ging, für uns.

Lediglich zwei Klassenkameradinnen luden wir hier mal zu einem kleinen Umtrunk ein, den wir sorgsam vorbereitet hatten. Während wir auf die Mädchen warteten, lief zu unserem Vergnügen im Fernsehen auf DDR 2 eine Show mit Jiří Korn. Das passte, schließlich hatten wir eine Flasche namensgleichen Inhalts gekauft – und jedes Lied, das er sang, begossen wir. Ein Korn auf Korn! Gemixt mit Clic-Orangensaftpulver aus dem Deli, dem Delikat-Laden, ergab es ein wohlschmeckendes Getränk.

Als unsere beiden Klassenkameradinnen kamen, waren wir schon sehr gut von Jiří und seinem Korn zurechtgemacht, die geplante Party nahm ein vorzeitiges Ende. Letztlich waren wir so brav wie betrunken oder umgekehrt. Während die Mädels frei hatten und ausschlafen konnten, kamen wir zu spät zur Arbeit. Ausreden für den Grund der Verspätung wären überflüssig gewesen, wurden wir doch mit den monoton und beinahe beiläufig vorgetragenen Worten empfangen: „Na, habt ihr gestern auf die Pauke gehauen?“ Pommersche Gelassenheit, gepaart mit Phlegma – das ist eine Eigenschaft, die viel zu selten gewürdigt wird.

So wundert es vielleicht nicht, dass man sich diese Eigenschaft nach geraumer Zeit selbst zu eigen machte. Zum Beispiel, wenn man auf der Fahrt mit dem Stadtbus Cola verlor. Es war auf dem Heimweg ins LWH, ich hatte zwei volle Flaschen des begehrten Gesöffs in meinem Aktenkoffer. Wir standen im langen Gelenkbus ganz hinten, direkt vor einer Tür. Als diese sich an einer Haltestelle öffnete, sprang im gleichen Moment mein Aktenkoffer auf. Die Flaschen purzelten heraus und fielen ohne zu zerschellen auf die Straße. Tür auf, Koffer auf, Flaschen raus – die Aktion dauerte nur einen kurzen Augenblick, die Tür schloss sich wieder, der Bus fuhr weiter. Ich habe nie erfahren, was die Leute an der Haltestelle gedacht haben, als ein vor ihnen haltender Bus zwei Flaschen Cola verlor. Meine Cola! Doch wozu aufregen, wir sind in Greifswald, da bleibt man gelassen.

Die Zeit in Greifswald verlief, von den eben beschriebenen Ereignissen abgesehen, ruhig. Eine Ausnahme stellte noch die einzige etwas größere Festivität dar – die Weihnachtsfeier. Damit wären wir auch beim Grund für die schon kurz erwähnte Fahrt nach Parchim via Berlin.

Zugegebenermaßen: Der Umweg nach der Feier, zu der wir Lehrlinge mit eingeladen waren, hatte seine Ursache darin, dass diese schön war. Es gab gutes Essen und reichlich zu trinken. So wurde es später als gedacht. Die geplante Abreise nach Parchim am Abend musste verschoben werden. Etwas weinselig liefen ich sowie mein Klassenkamerad und – bis heute – bester Freund von der Veranstaltung in Greifswald-Wieck bis zum Greifswalder Hauptbahnhof. Nachts! Und es war eine Nacht, in der auch das berühmte Gedicht eines unbekannten Verfassers entstanden sein könnte: *Dunkel war's, der Mond schien helle …* Der Vollmond beleuchtete Gartenanlagen, Neubaublocks und Fernwärmerohre, all dies zog linker Hand an uns vorüber. Das Gespür, wohin wir eigentlich laufen mussten – ohne Handy, ohne Navi –, um den Bahnhof zu erreichen, ließ uns einfach losziehen. Was blieb uns anderes übrig? Möglicherweise hätte das Vorwissen, dass der Weg über sechs Kilometer lang war, uns von dem Vorhaben abgehalten. Zumal frostige Kälte herrschte und wir mit Reisegepäck unterwegs waren.

Nach Ankunft am Bahnhof konnten wir dem Fahrplan der Reichsbahn entnehmen, dass die schnellste Verbindung nach Parchim die über die Hauptstadt darstellte. Auch gut, eine Flasche Weißwein hatten wir vorsichtshalber mitgenommen, richtig gekühlt war sie ja jetzt. Was für ein Glück, dass mein Freund gleichfalls nach Berlin wollte. In der Frühe bestiegen wir den Zug und verliehen sogleich dem Ausspruch, die Flasche in einem Zug zu leeren, eine völlig neue Bedeutung.

In Parchim angekommen, packte mich die Angina meines Lebens – und den Rest des Greifswalder Praktikums ließ ich meinen Freund allein dort zurück. Bedauerlich, aber mein Leiden war offenbar Folge der nächtlichen Wanderung durch das eiskalte Greifswald.

Marnitz, Herr von Däniken und der Mond

Einsatzort Marnitz, ein weiteres Praktikum, und dieses Mal nahe der Heimatstadt – das war natürlich eine feine Sache, denn so konnte ich daheim übernachten. Ein Bus brachte meinen Klassenkameraden und mich ins nur 15 Kilometer entfernte Dorf Marnitz am Fuße der Ruhner Berge. Diese erheben sich erkennbar aus der Umgebung, sind größtenteils bewaldet und wölben sich mit 178 Metern zur zweithöchsten Erhebung Mecklenburgs. Inzwischen wird diese von einem Aussichtsturm gekrönt, auf rund 200 Metern über Meereshöhe hat man zwar keinen Blick bis zum Meer, aber auf die Weiten Südmecklenburgs und bis weit in die Prignitz hinein.

Den Turm gab es damals noch nicht, dafür die Wetterstation wenige Kilometer weiter nördlich. In einem kleinen roten Backsteinhaus, wie es norddeutscher kaum aussehen kann, war sie untergebracht. Das Stationsgebäude, wie es offiziell hieß, beherbergte sowohl die Wohnung des Stationsleiters als auch ein kleines Dienstzimmer im Dachgeschoss.

Dort angekommen, empfing uns der Leiter der Meteorologischen Station höchstselbst. Ein freundlicher Herr, das merkte man gleich, eine Type, wie man auch sagen könnte. Hier lernten wir nicht nur Dinge für den Dienstgebrauch, nein, er präsentierte uns auch stolz seine prächtige Sammlung von Kakteen, die in einem kleinen, ans Hauptgebäude angebauten Gewächshaus untergebracht war.

Ich habe ihn als gebildeten, wissbegierigen Mann in Erinnerung. Faszinierend war damals für mich der Kontakt mit den Schriften Erich von Dänikens. Woher er diese hatte? Ich weiß es nicht, aber ich habe sie verschlungen. Von Däniken vertritt die These, dass uns vor tausenden Jahren Außerirdische einen Besuch abgestattet haben. Auf seiner Suche nach Indizien für diese kühne Behauptung, vorzugsweise in uralten Schriften und Skulpturen, seltsamen Bauten und

Ritualen fremder Völker, war er, aus seiner Sicht, erfolgreich. Noch nie hatte ich vorher davon gehört oder gelesen, dazu musste ich erst nach Marnitz kommen.

Ich erwähne diesen Erstkontakt mit von Däniken deshalb, weil er für mich eine Art Aufforderung darstellte, einfach mal quer zu denken. Das sollte mich fortan prägen, auch wenn ich natürlich nicht weiß, ob von Däniken mit seinen Ansichten richtig oder falsch liegt.

Es passte zu meiner Lektüre, dass der Stationsleiter in seine Statistiken über das Marnitzer und Schweriner Wetter stets die Mondphasen eintrug. Gab es dort einen Zusammenhang? Wurde es bei Vollmond kälter oder wärmer? Es war nicht seine Aufgabe, dies herauszufinden, er musste keine derartige Statistik führen, doch er tat es, aus Interesse – wie so vieles.

Inzwischen bin ich davon überzeugt, dass der Mond keinerlei Einfluss auf das Wetter hat, es gibt schlichtweg keine Hinweise darauf und erst recht keine stichhaltigen Beweise, auch wenn das Gefühl bei dem einen oder anderen Leser möglicherweise etwas anderes sagt.

Endstation Lindenberg

Die Lehrzeit verging schnell, irgendwann war alles geschafft. Die Praktika hatten wir erfolgreich absolviert, alle Theorie dann doch ausreichend in uns aufgenommen. Die Prüfung gelang mit der Gesamtnote 2, auch wenn ich Mathe nie wieder verstanden habe. Das war im Alltag des Technischen Assistenten später jedoch gar kein Problem, so sehr viel Mathematik brauchte man im Beobachtungsdienst nicht. Wichtig war, dass man ein wenig Statistik beherrschte, für die Mittelwert-Ermittlung zum Monats- oder Jahresabschluss.

Geschafft ... Übergabe des Facharbeiterbriefs in Potsdam (1988)

Nach dem Erhalt der Facharbeiterbriefe und einem Abschiedsausflug mit kleiner Feier verstreuten sich die rund 30 Lehrlinge der Ausbildungsjahre 1986 bis 1988 in alle Richtungen innerhalb der DDR. Schon vor Ende der Lehre hatte man uns auf verschiedene Wetterstationen verteilt. Die letzten Monate bestanden nur noch aus Praktikum. Mein Einsatzort war Lindenberg. Ich beobachtete das Wetter, ließ Radiosonden steigen, gab die Messdaten weiter nach Potsdam und war damit einer von tausenden Wetterbeobachtern weltweit. Vor Ort mag man sich unbedeutend vorgekommen sein, später aber wurde mir klar, dass diese Messdaten sehr wichtig waren. Das Netz aus Wetterstationen, vor allem jener mit Radiosondenmessungen – das immer weniger eng war als das der Bodenstationen –, wäre ohne Lindenberg lückenhaft gewesen. Die Höhenwetterkarte hätte nicht so genau gezeichnet werden können. Jeder Ausfall von Messungen, aus welchem Grund auch immer, war und ist ein Verlust. Schließlich kann man nicht rückwirkend messen.

Nach Lindenberg war ich gekommen, da es im Norden der DDR keine freie Stelle gegeben hatte. Lindenberg war relativ weit weg von der Heimat, aber es erwies sich als ein interessanter Arbeitsplatz.

Die Fahrt von Parchim ins Nichts zwischen Berlin und Scharmützelsee erschien mir wie eine Weltreise, vor allem wenn es ab KaWe (Königs Wusterhausen) mit der Ferkeltaxe (einem Schienenbus) in die Pampa ging. Ein Halt hieß Hubertushöhe, das Haltestellenschild war noch von Einschüssen aus dem Krieg durchlöchert. Hier war man noch ganz nah dran an der Befreiung durch die späteren Freunde und ganz weit weg von der Welt.

Die NVA rief und ich kam, weil ich musste

Die Zeit in Lindenberg würde begrenzt sein, das wusste ich. Mir war bekannt, dass ich ab dem 1. September 1988 zu dienen hatte, die Arbeiterklasse genoss ab diesem Tag meinen persönlichen Schutz. Hätte sie gewusst, wer sie da beschützen sollte, wäre sie vermutlich sehr unruhig geworden, und so sperrte man uns von den Schutzbefohlenen weg in eine große Kaserne. Jetzt gab es kein Entrinnen mehr, das war nun wahrhaftig der Ernst des Lebens – auf jeden Fall nahmen die, die dort schon lange dienten und das Sagen hatten, alles wirklich sehr ernst. Ich gestehe, dass ich das nicht konnte. Ich fand alles, was mit Militär zu tun hatte, vollkommen lächerlich.

Danach fragte aber niemand, schließlich gab es die Wehrpflicht und ich hatte mich obendrein statt der geforderten anderthalb sogar für drei Jahre verpflichtet. Aus einem einzigen Grund: Ich wollte in meinem Beruf eingesetzt werden und hatte deshalb seinerzeit im Wehrkreiskommando anlässlich der Musterung den Vorschlag gemacht, länger zu dienen, wenn ich auf eine Wetterstation der

Nationalen Volksarmee dürfte. Auf diesen Vorschlag ging man tatsächlich ein.

Ich folgte damit nicht dem Rat meines Vaters. Er lag damals im Krankenhaus – ich wusste nicht, wie schlimm es um ihn stand – und ich hatte ihn gefragt, ob ich mich länger verpflichten sollte. Klar, er kannte mich, und er riet mir, es bei dem zu belassen, was nötig sei, keinen Tag länger. Ich hätte mir diesen Rat gleichfalls gegeben, ich kannte mich sogar noch etwas besser. Am liebsten hätte ich gar nicht gedient, ich wollte keine Waffe tragen, ich wollte keinen Panzer fahren und durch den Dreck robben. Ich wollte eigentlich nur Wetterbeobachter sein und keinen Ärger haben. Der wäre aber zu erwarten gewesen, hätte ich den Wehrdienst verweigert. Doch so mutig war ich als 17-Jähriger nicht und entschied mich dafür, in den sauren Apfel zu beißen und lieber drei Jahre in einer Wetterstation zu hocken als eineinhalb Jahre im Dreck zu liegen.

Drei Jahre dienen, das hieß: Ausbildung zum Unteroffizier auf Zeit, oder: Was macht das Schwein, wenn es gegen die Wand rennt? Uffz ... Die Uffz-Schule befand sich in Bad Düben. Ging alles gut, wurde man nach einem halben Jahr militärischer Ausbildung zum Unteroffizier befördert, im Idealfall mit Schützenschnur an der Uniform, wenn man ausreichende Schießergebnisse vorweisen konnte. Das konnte ich – genauso wie am Boden festgefrorene Panzerkettenglieder aus dem Gras zu reißen beim winterlichen Frühsport. Kniebeugen mit Kettenglied in Vorhalte am ausgestreckten Armen waren das Beste, das man sich am zeitigen Morgen wünschen konnte. Sogar die Eskaladierwand stellte sich irgendwann nicht mehr als ein Problem dar.

Während der Grundausbildung habe ich unter anderem Raketen bewacht, die angeblich von Amerikanern ausspioniert wurden. Um das zu beweisen, hatte man uns Fotos gezeigt. Auf denen war ein echter Amischlitten, zu sehen, der am Zaun stand. Es müssen ausgesprochen dämliche Amerikaner gewesen sein, ein Wartburg wäre unauffälliger gewesen. Sollte man so etwas ernst nehmen? Ich zeigte mich auch uneinsichtig, als es darum ging, sich beim Einschlag einer Atombombe auf den Bauch zu legen und die Augen zu schließen. Dies sei sehr wichtig. Natürlich. Und zum Glück hatten wir unsere Tasche mit den Komplekten dabei, der Marschverpflegung, unter anderem mit Dosenbrot, das umgangssprachlich „Atombrot“ hieß. Gnadenbrot wäre allerdings angesichts des sicher wenig vergnüglichen Umstandes, neben einer einschlagenden Atombombe zu verweilen, passender gewesen.

Zum Glück jedoch war die ganze Ausbildung, von dem militärischen Kram abgesehen, sehr einfach für einen gelernten Wetterbeobachter wie mich. Im theoretischen Unterricht wurde viel von dem durchgenommen, das ich aus der Lehrzeit schon kannte. Die jungen Genossen aus anderen Berufen mussten dies alles erst noch lernen. Das Vorwissen verschaffte mir einen gewissen Vorteil und so wurde ich, wie andere Kameraden aus meinem Beruf auch, mit einigen übergeordneten Aufgaben betraut. Die Wetterstation musste gepflegt und gewartet werden, was vor allem dann Spaß machte, wenn andere durch den Wald robbten und irgendwelche sinnlosen Militärspiele absolvieren mussten.

Nach der Unteroffiziersschule ging es Richtung Fürstenwalde (FüWa). Für die verbleibenden zweieinhalb Jahre sollte die Zentrale Flugwetterwarte der NVA meine Dienststelle sein. Diese hieß offiziell, wahrscheinlich aus verschleierungstaktischen Gründen, Strausberg. Die ZFWW Strausberg war in einer gigantischen Bunkeranlage am Rande von Fürstenwalde untergebracht, bei den Einheimischen „Fuchsbau“ genannt. Angeblich soll auf dem Gelände früher einmal Braunkohle abgebaut worden sein, angesichts der vielen Sandhügel ist das sogar vorstellbar.

Um den Feind vollends zu verwirren, befand sich die Anlage nicht nur nicht in Strausberg, sondern war auch mit Wegen durchzogen, die man größtenteils grün angemalt hatte. Clever, einfach zu behaupten, man sei woanders, um sich dann vor Ort zu tarnen!

Doch der Dienst war interessant. Ich arbeitete in der Sammel- und Verteilstelle für alle Wettermeldungen aus der DDR, alles, was die Luftwaffe der NVA an Wetterinformationen brauchte, kam von hier. Meine Aufgaben waren das Zeichnen von Wetterkarten und das Verteilen der zivilen und militärischen Wettermeldungen. Wir empfingen sogar Satellitenbilder des US-amerikanischen Wettersatelliten NOAA. Dieser war polumlaufend, das heißt, er bewegte sich über den Himmel und musste von der Satellitenempfangsanlage zunächst geortet und dann verfolgt werden. Dafür gab es täglich neue Listen, in denen stand, wann er an welcher Stelle des Ho-

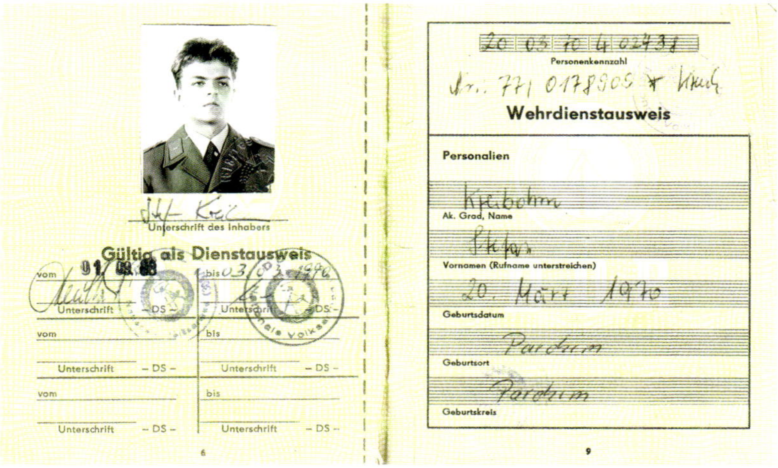

Unterschrift des Inhabers

Gültig als Dienstausweis

vom 01. 09. 88 bis 03. 03. 1990

Unterschrift – DS – Unterschrift – DS –

vom bis

Unterschrift – DS – Unterschrift – DS –

vom bis

Unterschrift – DS – Unterschrift – DS –

6

20 03 70 4 02431

Personenkennzahl

Nr.: 771 0178909

Wehrdienstausweis

Personalien

Kreibohm

Ak. Grad, Name

Stefan

Vornamen (Rufname unterstreichen)

20. März 1970

Geburtsdatum

Parchim

Geburtsort

Parchim

Geburtskreis

9

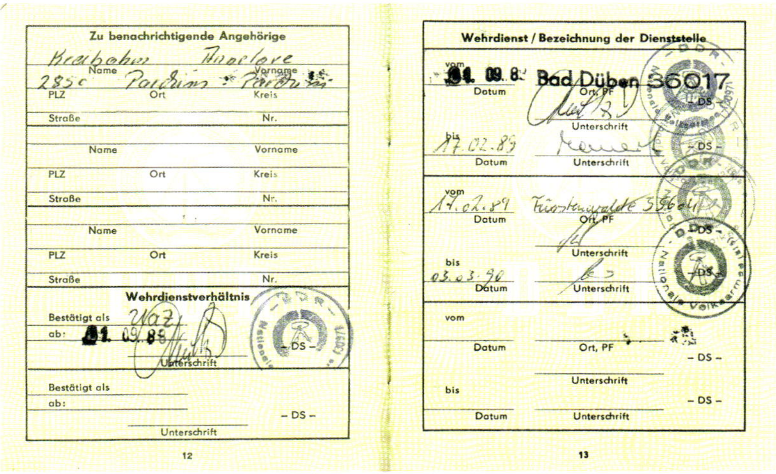

Zu benachrichtigende Angehörige

Kreibohm Annelore

Name Vorname

2850 Parchim Parchim

PLZ Ort Kreis

Straße Nr.

Name Vorname

PLZ Ort Kreis

Straße Nr.

Name Vorname

PLZ Ort Kreis

Straße Nr.

Wehrdienstverhältnis

Bestätigt als UaZ

ab: 01. 09. 88

Unterschrift

Bestätigt als

ab:

– DS –

Unterschrift

12

Wehrdienst / Bezeichnung der Dienststelle

vom 01. 09. 8 Bad Düben 36017

Datum Ort, PF

Unterschrift – DS –

bis 17. 02. 89

Datum Unterschrift – DS –

vom 17. 02. 89 Fürstenwalde 35641

Datum Ort, PF

Unterschrift – DS –

bis 03. 03. 90

Datum Unterschrift

vom

Datum Ort, PF – DS –

Unterschrift

bis – DS –

Datum Unterschrift

13

Mein Wehrdienstausweis (1988)

Rechts Schulungsgebäude, dahinter kleines „Kulturhaus", links der Kontrolldurchlass – ein wundervoller Ausblick aus der Unterkunft in FüWa (1989)

rizontes auftauchen würde. Die Bilder dieses Satelliten aus ungefähr 800 Kilometern Höhe waren deutlich schärfer als die des geostationären METEOSAT aus 36 000 Kilometern Entfernung, allerdings flog der NOAA-Satellit nur ein- bis zweimal pro Tag über unsere Köpfe, während METEOSAT, über einem festen Punkt stehend, jede Stunde ein Bild zur Erde funkte.

In den 24-Stunden-Diensten im Bunker kam ich, wie schon während meines Praktikums in Warnemünde, mit Vorhersagekarten in Kontakt. Sie wurden über Funk ausgestrahlt und von Faxempfängern ausgedruckt. Wobei das Ausdrucken nicht mit dem zu vergleichen ist, das wir heute kennen. Die Faxempfänger russischer Bauart, also aus einem Stück Stahl gegossen, stellten sogenannte Nass-Faxe dar. Eine in eine uns damals unbekannte Chemikalie getränkte Papierrolle drehte sich beim Empfang eines Faxes auf einer waagerechten Achse, wickelte sich dabei ab und wurde an einem unter Strom stehenden Draht vorbeigeführt. Dieser Draht lag auf dutzenden, spiralförmig um eine Achse laufenden spitzen Metallzähnen, und diese wiederum drehte sich beim Empfang eines Faxes. Draht und Papier berührten sich, nach und nach entstand so das Bild einer Wetterkarte. Pech nur, wenn der Draht von den Metallzähnen rutschte: Aus dem Nassfaxgerät wurde so ein Reißwolf und man konnte das Prozedere abbrechen.

Gelang der Empfang problemlos, wurden die nassen, etwa A3-großen Karten zum Trocknen aufgehängt, ehe sie in den Nachbarraum zum Meteorologen vom Dienst gelangten. Hier entstanden daraus die Vorhersagen zum Flugwetter für die NVA. Die 24-Stunden-Schicht im Bunker schloss auch eine kurze Nachtruhe ein, in meiner Erinnerung waren dies aber kaum mehr als 4 Stunden, und zum Frühstück gab es fast immer nur Schmalzstulle. Es gibt Schlimmeres.

Das Verteilen der Wetterdaten, die auf meterlangen Lochstreifen zwischengespeichert wurden, machte Spaß. Pausenlos ratterten die Fernschreiber, ganz unterschiedliche Meldungen kamen rein oder gingen von unserer Seite raus. Wir standen in engem Kontakt zum Rechenzentrum des Meteorologischen Dienstes. Eine Art Telex-Verbindung dorthin nutzte ich in einigen Nachtdiensten sogar zum Plaudern mit der dort Diensthabenden. Wie es dazu kam, das weiß ich nicht mehr, doch ich kann für mich verbuchen, schon 1989 Kurznachrichten im Stile einer SMS verschickt zu haben. Begann die Nachricht mit einer bestimmten Kennung, konnte nur das Rechenzentrum diese erhalten, das wusste ich. Viele SMS gingen hin und her – wie sich herausstellte, war am anderen Ende eine sehr nette junge Dame. Die Telexplauderei versüßte mir so manchen Nachtdienst und wir haben uns sogar einmal in Berlin getroffen. Ich weiß noch, wie irritiert sie war, als ich mitteilte, ich würde über Erkner in die Stadt kommen – wie es von Fürstenwalde üblich war. Für die Außenwelt arbeiteten wir in Strausberg, von dort aus wäre eine Fahrt über Erkner außerordentlich unüblich gewesen. Sollte ich das Dienstgeheimnis verraten? Ich tat es und ich weiß bis heute nicht, ob ich damit der Erste war und fortan von der Stasi heimlich als Verräter geführt wurde. Sei es drum, diese Bekanntschaft war es wert, und sie blieb mit Sicherheit „Horch und Guck“ nicht verborgen.

Möglich, dass es seitdem eine Stasiakte über mich gibt, sicher ist jedoch, dass man als Armeeangehöriger unter Beobachtung stand. Anders ist nicht zu erklären, dass eines Tages die Deutsche Post vor unserer Haustür in Parchim stand und mir ein Telegramm übergab. Dieses teilte mit: „Genosse Unteroffizier Kreibohm, finden Sie sich sofort in Ihrer Dienststelle ein“, unterzeichnet vom Kompaniechef. Aha, von Parchim nach Fürstenwalde, sofort. Aber warum? Ich hatte schließlich keinen Dienst verpasst und ich hatte auch keine Bereitschaft. Selbst im Alarmfall hätte ich also vor Ort im Bett bleiben können. Doch das hieß eben leider nicht, dass man frei hatte, frei im Sinne von: Ich kann machen, was ich will.

Wollte man die Kaserne verlassen, musste Ausgang beantragt werden, wollte man in die Heimat, dann war mindestens die Genehmigung nötig für einen KU, Kurzurlaub, besser noch für einen VKU, verlängerter Kurzurlaub, das konnten dann schon mal drei Tage am Stück sein.

Urlaub hatte ich damals nicht bekommen, aber, soweit ich mich erinnere, Ausgang. Demnach war ich am KDL, dem Kontrolldurchlass, an dem man beim Verlassen und Betreten der Kaserne vorbei musste, ohne Probleme nach draußen gekommen. Ich hatte mich in den Zug gesetzt und war einfach nach Parchim gefahren, obwohl Ausgang lediglich für ein paar Stunden gewährt wurde. Abends hätte ich wieder in die Kaserne gemusst. Parchim fand ich aber schöner, meine Freundin freute sich, meine Mutter hatte natürlich keine Ahnung, dass ihr Sohn praktisch geflohen war und vielleicht gesucht wurde. Niemandem hatte ich von dem Plan erzählt, dennoch kam das Telegramm.

Hierbei ist es nicht unwichtig zu erwähnen, dass die Grenzen Richtung Westen zu jenem Zeitpunkt schon offenstanden und im Grunde die DDR mit ihrer NVA dem Verfall preisgegeben war. Den Zusammenbruch deutlich spürend, hatte man das Gefühl, dass alles aufweichte und nicht mehr galt, was einst strenge Vorschrift gewesen war. Viele der hohen Offiziere wirkten noch irritierter über die Geschehnisse im Land als wir kleinen Uffze oder Gefreiten. Niemand wusste, wie es weitergehen würde, und so wurde man Stück für Stück auch selbst immer mutiger. Wer sollte einem noch „doof kommen“, wenn die, die es gekonnt hätten, selbst nicht mehr wussten, was sie tun sollten oder noch durften?

Am KDL hatte ich Glück, man ließ mich ohne Probleme durch, auch wenn meine Ausgangszeit erheblich überschritten war. Nun stand eine 24-Stunden-Schicht an, niemand hatte mich bis dahin auf mein Vergehen angesprochen. Das änderte sich am Ende der Schicht, alle durften gehen, ich musste bleiben und wurde zu meinen Vorgesetzten zitiert. In einem dunklen, staubigen Raum saßen vier uniformierte Herren, meine direkten Vorgesetzten, und noch zwei in Zivil.

Das erinnerte mich an die nicht lange zurückliegende Fragestunde nach dem Besuch der Jugendweihe meiner Schwester. Die Teilnahme an der Feier hatte ich beantragen müssen, schließlich war Westbesuch angekündigt. Ich erhielt die Genehmigung unter der Auflage, nicht über mein Leben als Unteroffizier der NVA zu sprechen. Abgesehen davon, dass dies weder meine Tante noch meine Urgroßmutter interessiert hätte, ich wäre selbst nie auf die Idee gekommen, darüber zu reden. Nach meiner Rückkehr hatte ich mich in der gleichen Situation befunden – Gespräch mit diversen Herren –, damals wurde ich gefragt, wie denn der Kontakt zu meinen klassenfeindlichen Verwandten gewesen sei und vor allem, wieso keiner meiner männlichen Westverwandten den Weg zu der Feier gefunden hatte. Die waren tatsächlich in Hamburg geblieben. Warum? Ich hatte keine Ahnung, und irgendwann haben das die Fragenden auch verstanden.

Nach meinem Parchim-Ausflug gab es ganz andere Fragen, nämlich die, wie es dort gewesen sei. Ich stellte mich dumm und tat so, als wäre ich nicht zu Hause gewesen. Ich erfand eine durchzechte Nacht im „Haus der Reifenwerker“ (HdR), dem Stammlokal der Armisten aus dem Fuchsbau. Hier versackten wir tatsächlich immer mal wieder, und so sei es auch dieses Mal gewesen, gab ich zu Protokoll. Wie ich in die Kaserne gekommen sei, daran könne ich mich nicht mehr erinnern, ich vermutete das Übersteigen des Kasernenzaunes, um den KDL zu umgehen. Alles in allem eine hanebüchene Geschichte, niemand glaubte mir, und das hat man mir auch deutlich gemacht. Eine Strafe würde folgen, hieß es, dann durfte ich gehen.

Bevor das Strafmaß ausgesprochen wurde, vergingen viele Tage, in der Zwischenzeit befand sich die NVA bereits in gefühlter völliger

Auflösung. Was gab es jetzt noch zu tun? Ich erinnere mich an Silvester 1989, ich stand mit einigen Kameraden am Fenster, wir schauten in das Feuerwerk von Fürstenwalde, und ich sagte: „In einem Jahr wird es die DDR nicht mehr geben!“ Glauben wollte dies aber noch keiner so richtig – obwohl es für diese Annahme keiner großen prophetischen Fähigkeiten bedurft hätte.

Ich war in der Zwischenzeit in West-Berlin gewesen, die bunte Glitzerwelt hatte mich erschlagen, so dass es mich rasch in den Osten zurückzog. Weihnachten hatte ich dank VKU sogar in Niedersachsen verbracht, wo meine Verwandten in einem herrlichen kleinen Holzhaus wohnten – ich, als Unteroffizier der NVA, im Westen!

Ich sah die DDR vor meinen Augen verschwinden, das Land, das Heimat war, und zugleich die ganze Welt zusammenwachsen. Militär brauchte da keiner mehr, so nahm ich an und stellte ein Entlassungsgesuch. Ich gab an, nun keinen Feind mehr zu haben und nicht zu wissen, auf wen ich schießen sollte. Außerdem sei nicht zu erwarten, dass uns jetzt überhaupt noch jemand überfallen würde.

Mein Ansinnen war den Vorgesetzten dann offenbar doch zu viel. So wurde dem Gesuch zwar stattgegeben, aber gleichzeitig stand noch die Strafe für meine Flucht nach Parchim im Raume. Die mussten sie mir noch aufbrummen: Drei Tage Knast! Danach könne ich gehen, hieß es. Allerdings nicht als Unteroffizier, sondern als Gefreiter. So degradiert, bezog ich meine Zelle am Kontrolldurchlass, in dessen Mauern sich auch das kleine Kasernengefängnis befand. Ein Bett, ein Tisch, ein Stuhl, das Fenster vergittert, die Tür mit Guckloch, Gefreiter Kreibohm, eingelocht in Fürstenwalde. Darüber musste ich herzhaft lachen, so fröhlich hatte wohl noch keiner hier im Bau gesessen. Ich wusste, dass ich nach drei Tagen in die Freiheit entlassen würde, und erduldete deshalb entspannt diverse Schikanen der wechselnden wachhabenden Gruppen: das Harken des gefrorenen Bodens vor dem KDL oder das Entfernen der schwarzen Stiefelstriemen vom Linoleum-Fußboden mit Hilfe von mehreren Schaufeln Sand und Wasser, vermengt mit IMI-Pulver, einem Geschirrspülmittel. All das verteilte man im Raum, und ich sollte es wieder rausbekommen, am Ende wollte man einen blitzsauberen Boden sehen. Als dies jedoch der Chef der Wachmannschaft sah, schickte er mich in meine

Zelle zurück – und die ganze Sauerei mussten diejenigen wieder in Ordnung bringen, die sie angeordnet hatten. Bis zum Tag der Entlassung hatte ich nun endgültig Ruhe.

Wendewirren

Nach der Entlassung aus der NVA musste ich mich auf meine Stelle in Lindenberg einklagen. Die Gesetzeslage war eindeutig, auch wenn man den Eindruck hatte, es würden gar keine Gesetze mehr gelten. Der Arbeitsplatz durfte nicht vergeben werden, als Wehrdienstleistender hatte man Anspruch auf Wiedereinstellung, der Meteorologische Dienst musste mir eine Tätigkeit anbieten, trotz eines angeblichen Einstellungsstopps. Wir einigten uns gütlich, man bot mir eine Beschäftigung in Neuruppin an.

Ohne dass ich dies damals ahnte, bedeutete Neuruppin eine sehr wichtige Weichenstellung für den Rest meines Lebens. Die Wetterstation selbst wurde 1990 gerade wieder „hochgefahren", von einer Besetzzeit am Tage auf Dienste rund um die Uhr. Hierfür brauchte man Leute, und so versammelten sich einige junge Menschen um den wohl jüngsten Stationsleiter des Meteorologischen Dienstes, den damals 22-jährigen Donald Bäcker. Er stammte aus der Gegend und ist heute vielen ARD-Zuschauern vom TV-Wetter bekannt, sei es aus dem „ARD-Morgenmagazin" oder dem „Wetter vor Acht" sowie von den „Tagesthemen". Daran war zu jener Zeit natürlich noch nicht zu denken.

Die Wetterstation lag damals unmittelbar am Ufer des Ruppiner Sees, hatte sogar einen kleinen Steg, den wir selbst wiederhergerichtet haben. Hier konnte man nach Feierabend baden oder angeln – es hieß, die Station besäße einen sehr hohen Freizeitwert. Dennoch, Neuruppin bedeutete für mich weiter pendeln, nach Parchim und zurück, inzwischen konnte ich dies aber mit dem Auto bewerkstelligen. Ich hatte stets ein paar Tage am Stück Dienst und dann einige Tage frei. Die Dienste waren im Sommer natürlich besonders reizvoll, selbst die Nachtdienste, an deren Ende oft ein wunderbarer Sonnenaufgang am See stand.

Während der Nachtdienste sollte etwas geschehen, das mein Leben wenig später in eine völlig neue Bahn lenkte. Schuld daran war, und dafür bin ich ihm mein Leben lang dankbar, ein Mitarbeiter des Meteorologischen Instituts der Freien Universität Berlin, Manfred Wegener. Der gebürtige Westberliner wollte offenbar nach dem Mauerfall das Land und die Menschen außerhalb der Stadtgrenzen kennenlernen. Er hatte, so wie wir an den Beobachtungsstationen, ebenfalls einige Nachtdienste abzuleisten, und die waren in der Regel ruhig. So hatte er Zeit zum Telefonieren und rief auch in Neuruppin an. Meine Kollegen und ich lernten eine Berliner Plaudertasche kennen und erfuhren, dass er ebenfalls als Wetterbeobachter arbeitete. Allerdings war sein Aufgabenspektrum viel breiter, er sammelte unter anderem Wetterdaten aus der ganzen Welt, erstellte Wetterkarten für den Vorhersagedienst des Institutes. Stets wusste er, wie das Wetter an unserer Station war. Die Telefonate waren lustig, interessant, füllten gut die langen Pausen zwischen den stündlichen Beobachtungen. Nur durch ihn wusste ich, dass es in Berlin einen FU-eigenen Wetterdienst gab, der nichts mit dem Deutschen Wetterdienst zu tun hatte, und dieses Wissen sollte sich noch als entscheidend herausstellen. Manfred kam uns später immer wieder besuchen, zu Grillabenden oder Kaffeekränzchen im Grünen – die Lage am See war einfach fantastisch.

Nach etwas weniger als zwei Jahren bat ich jedoch um eine Versetzung von Neuruppin nach Marnitz, um Parchim näher zu sein. Die Fahrtkosten fraßen einen enormen Teil meines Gehaltes auf, das selbst nach der Übernahme des Meteorologischen Dienstes der DDR durch den Deutschen Wetterdienst seltsamerweise nicht auf Westniveau stieg. Auch meine Anträge auf „Buschzulage" wurden von der Zentrale brüsk abgelehnt. Dabei hatte ich mein Ansinnen gut begründet, schließlich bekamen Mitarbeiter aus den westlichen Bundesländern eine Zulage, wenn sie im Osten ihren Dienst antraten. Da sich die fünf östlichen Länder ja nun an die westlichen angeschlossen hatten und wir glücklich vereint der blühenden Zukunft entgegenstrebten, konnte es diese Zulage doch nur deshalb geben, weil man zwischen zwei Bundesländern pendelte. Kurioserweise galt dies aber nicht für Menschen aus Mecklenburg-Vorpommern, die in Brandenburg arbeiteten … mein Pech, ich hätte per Geburt Niedersachse werden müssen oder Hamburger. Allerdings wäre dann in der „Schweriner Volkszeitung“ nie über die Niederkunft meiner Mutter berichtet worden, und allein dafür hat es sich schon gelohnt, im Mecklenburgischen aus der Mutter Schoß geschlüpft zu sein.

Mein Antrag auf Versetzung wurde stattgegeben, und so ließ ich Neuruppin für immer zurück. Damit übrigens auch mein allerbestes Jugendweihegeschenk: eine digitale Quarzuhr, Made in Hong-Kong, ein Präsent meiner Uroma. Da sie sowohl mir als auch meinem gleichfalls jugendgeweihten Cousin Norbert eine derartige Uhr geschenkt hatte, war sie von meinem Vater zur Quarzuhroma ernannt worden. Dieses tolle Objekt, mit nicht weniger als vier Knöpfen an den Seiten, mit Weckfunktion und Stundenpiep, war mir aus Versehen vom Steg an der Wetterstation gerutscht. Ich sehe noch heute, wie gierig der Ruppiner See das geliebte Stück verschlang. Ob es weiter auf dem Seegrund pflichtbewusst seinen Stundenpiep abgab? Ich habe es nie erfahren.

In Marnitz musste ich nun ohne sie auskommen. Natürlich war der weiter dort tätige Leiter der Station so nett wie früher, ich habe mich, was das angeht, sehr wohlgefühlt. Doch im Laufe der Zeit empfand ich die Dienste immer eintöniger. Hier sollte ich nun also für den Rest meines Berufslebens bleiben? Die ganzen kommenden 45 Jahre? Hinzu kam: Es gab keine Nachtdienste mehr und so riss auch der regelmäßige Kontakt zum Westberliner Freund ab.

Ich hatte aber auch noch aus einem anderen Grund das Gefühl, dass es auf diese Weise beruflich nicht weitergehen könne. Das Gehalt war so miserabel wie bedroht. Der Deutsche Wetterdienst nahm nämlich an, dass alle ostdeutschen Mitarbeiter weniger klug seien als ihre westdeutschen Kollegen. Diese hatten in ihrer Ausbildung ein paar Unterrichtsstunden mehr, Stunden, in denen ihnen das Beamtenrecht beigebracht wurde. Es war natürlich ein starkes Stück, dass wir in der DDR-Betriebsschule nicht zu westdeutschen Beamten ausgebildet wurden, ein Manko, vor allem bezüglich der Wetterbeobachtung. Wie sollte man die Wolkenart erkennen ohne das überlegene Wissen eines Beamten? Wenig überraschend, dass man uns Ostdeutschen nahelegte, die Kurse über das so wichtige Beamtenrecht nachzuholen, sonst hätte es passieren können, dass man per Gesetz plötzlich als Ungelernter eingestuft worden wäre.

Der Facharbeiterbrief sollte nichts mehr wert sein? Ich sollte Beamter werden? Ein wenig Stolz war mir dann doch geblieben und ich reichte meine Kündigung ein, eine Kündigung aus Prinzip. Und wegen des Geldes. Das konnte man woanders besser verdienen, die Zeitungen waren voll verlockender Angebote.

Jeder braucht eine FuV mit GuM

Sie meinen, es ließe sich auch ohne FuV und ohne GuM entspannt leben? Nun, dass sah mein neuer Arbeitgeber völlig anders. Kein Wunder, denn der lebte ja davon. Die Rede ist von einer Rechtsschutzversicherung, und ich wurde deren Vertreter. 2500 DM in den ersten drei Monaten der Ausbildung waren für mich damals ein Argument, es zu versuchen, danach musste man von den Verkäufen leben, also Kunden gewinnen, diese besorgt machen, auch wenn sie es noch nicht waren, um ihnen die frischen Sorgen sogleich wieder zu nehmen. Dafür brauchte ich nur eine Unterschrift, dann konnte das entspannte Leben beginnen, der Kunde hatte dafür lediglich ein paar DM zu löhnen.

Wie man als Vertreter zu dieser Unterschrift kam, das wurde uns in der Schnell-Ausbildung beigebracht, am Ende der Ja-Schiene konnte der Kunde gar nicht mehr anders. Und es gibt viele Fragen, die man nur mit „Ja“ beantworten kann – das schönste „Ja“ war das auf die Frage: „Dann können wir den Vertrag jetzt machen?“ Wieder gab es einen Menschen mehr mit einer Rechtsschutzversicherung für Familie und Verkehr (FuV) oder Grundstück / Eigentum und Miete (GuM).

Sonderlich erfolgreich war ich jedoch nicht, aber ich war jung und ich brauchte das Geld. Viele ältere Menschen brauchten allerdings etwas ganz anderes: jemanden, der ein offenes Ohr hatte. Geduldig hörte ich mir ihre Sorgen an – ich war damals gerade 22 Jahre alt, und ich verstand schnell, dass das Alter sehr einsam machen kann. Statt Versicherungen zu verkaufen, trank ich Kaffee und aß Kuchen, den die älteren Damen meist selbst gebacken hatten. Zum Schluss hätten sie wahrscheinlich aus Dankbarkeit für das Gespräch einen Vertrag bei mir abgeschlossen.

Kurzum: Ich konnte von den Verkäufen nicht leben. Das kann man nicht, wenn man nur das verkaufen will, was die Leute brauchen; man muss das verkaufen, von dem sie *denken*, sie bräuchten es. Das war allerdings mit meinem Gewissen nicht vereinbar und ich schmiss die Arbeit als Versicherungsvertreter hin. Ich kündigte leichten Herzens, denn ich wollte wieder in meinen erlernten Beruf. Und dafür gab es sogar eine Möglichkeit außerhalb des Deutschen Wetterdienstes. Ich erinnerte mich an die Telefonate mit Manfred Wegener aus Berlin. Einen Job am Meteorologischen Institut der FU, das wäre doch was. Dafür würde ich sogar nach Berlin ziehen. Ich nahm Kontakt auf.

Es lebe das Babyjahr!

Eine schöne Erfindung, so ein Babyjahr, und noch schöner ist es, wenn eine junge Mutter dieses in Anspruch nimmt. Dann wird nämlich eine Stelle frei, zumindest befristet. Ihr soll es ja nicht gehen wie mir nach meiner NVA-Zeit.

Genau so eine Stelle wäre zufällig frei, erfuhr ich von Manfred. Sofort bewarb ich mich, wenige Tage vor dem Ende der Bewerbungsfrist saß ich im Büro meines vielleicht zukünftigen Chefs. Er machte mir klar, dass es einen weiteren Kandidaten gäbe, doch mit diesem seien sie nicht so glücklich, er wäre für die anvisierte Tätigkeit überqualifiziert. Das war für den Betroffenen natürlich bitter, doch für mich bot sich dadurch eine Chance. Das Institut suchte genau jemanden wie mich, einen Wetterbeobachter, oder wie es dort hieß: Wetterdiensttechniker.

Meine Tätigkeit begann am 1. Dezember 1992, glücklicherweise hatte meine damalige Freundin Verwandtschaft in West-Berlin und zufällig hatte diese eine vorübergehend leerstehende Wohnung. Dort zogen wir ein, spartanisch zwar, aber wir hatten ein Dach über dem Kopf. Gemessen an der Größe Berlins lag das Institut um die Ecke, im gleichen Stadtbezirk, mit dem Fahrrad keine zehn Minuten, mit dem Auto auch, nur das man hier eine gute Stunde Parkplatzsuche hinzuzuzählen hatte. Derartiges war mir völlig unbekannt. In Parchim oder Neuruppin war es nie darum gegangen, ob man einen Parkplatz fand. Hier hatte eher die Frage Bedeutung, wie weit man von dort bis zum eigentlichen Ziel noch laufen müsste, im schlimmsten Fall kam da schon mal eine Minute zusammen.

Von 1992 bis 1996 war das Institut für Meteorologie der Freien Universität Berlin mein Arbeitsplatz. Mittlerweile von meiner Freundin getrennt, zog ich mehrfach innerhalb der Stadt um, von Steglitz nach Friedrichshain, von dort nach Lankwitz und schließlich nach Schöneberg. Am Institut hangelte ich mich von einer befristeten Stelle zur nächsten, zeitweise wurden mehrere Werkverträge zu einer Stelle zusammengefügt und ich wusste manchmal nicht, ob ich in einem Vierteljahr noch Arbeit haben würde – und, wenn ja, ob mit einer halben Stelle oder einer ganzen. Planungen für die Zukunft waren unmöglich, aber man setzte sich immer für mich ein: Herr Bogumil, Herr Dümmel, Frau Grasse – ihre Kreativität, eine Stelle fast aus dem Nichts zu zaubern, war beeindruckend. Ihnen gebührt mein Dank.

Die Arbeit war sehr spannend, denn hier kam ich dauerhaft in Kontakt mit einem Vorhersagedienst. Als Vorzimmerdame des Meteorologen war ich verantwortlich für den reibungslosen Empfang der Wetterkarten, die über Funkfax eintrudelten – das kannte ich schon aus meiner Armeezeit. Nur waren hier die Geräte erheblich moderner. Hinzu kam das Plotten (Drucken) von Wetterkarten. In diese hatte dann der Meteorologe vom Dienst seine Isobaren einzuzeichnen, Hochs und Tiefs, Kalt-, Warm- und Mischfronten.

In der Ansagekabine für den Berliner Telefonwetterbericht (um 1995)

In manchem Nachtdienst ließ ich mir von den erfahrenen Prognostikern erklären, was man aus den verschiedenen Vorhersagekarten alles herauslesen konnte. Allmählich bekam ich eine Ahnung davon, wie eine Wettervorhersage entsteht. Ich schrieb zwar keine, aber ich las sie vor. Hier war ich sozusagen das erste Mal online, via Telefonwetterbericht. Ich sprach diverse Texte „auf Band“: die Vorhersage für das Berliner Wetter, die aktuellen Wetter- und Umweltdaten der Hauptstadt, das Gesundheitswetter. Die Meteorologen hatten verschiedene Formulierungen für alle Wetter, die man sich vorstellen konnte und die dann meist so eintrafen. Auch dies war ein Baustein für das, was später mal daraus werden sollte, allerdings verfolgte ich keinen Plan.

Berühmt war das Institut aber nicht wegen seiner Telefonwetterberichte. Berühmtheit erlangte es aus ganz anderen Gründen.

Eine Schublade voller Namen

„Tut er es heute?“ Oft lag Spannung in der Luft der 6. Etage des alten Steglitzer Wasserturms auf dem Fichtenberg, Sitz des Meteorologischen Instituts der Freien Universität Berlin. Die hölzerne Schreibtischfläche des Meteorologen vom Dienst war vollständig mit Wetterkarten bedeckt, darauf, teils von Hand gezeichnet, die aktuelle Position der Hochs und Tiefs. Zu diesem Meer aus Papier gehörten auch Prognosekarten, auf denen zu erkennen war, wohin sich die Druckgebilde bewegen würden. Kam uns ein Hoch oder Tief so nahe, dass es direkt in unser Wettergeschehen eingriff? War das der Fall, dann wurde es Zeit, die große Schublade zu öffnen, in der eine schon etwas abgegriffene Mappe lag. Ihr Inhalt: 260 Frauen- und 260 Männernamen.

Für mich, der damals im Wetterturm nur einen kleinen Wetterdiensttechniker darstellte, wurde schnell klar, dass diese Mappe eine Art Heiligtum war. Niemand durfte einfach so irgendeinem dahergelaufenen Druckgebiet einen Namen verpassen. Diese Aufgabe oblag einzig seiner Majestät, dem Meteorologen vom Dienst, und dies auch erst nach genauer Prüfung, ob denn dieses oder jenes Hoch beziehungsweise Tief eine Weile das deutsche Wetter bestimmen würde. Manchmal irrte so ein Gebilde nämlich lange namenlos über den Atlantik. Wurde es für uns jedoch bedeutsam, wuchs die Unruhe im Institut.

„Ja, er hat es getan!“, hieß es nach erfolgter Taufe, wie die Namensvergabe genannt wurde. Das Taufbecken war der Schreibtisch, der Täufer Meteorologe. Manch einer taufte gern, andere hingegen waren regelrecht knauserig, was natürlich die Spannung mit jedem Tag des Näherkommens eines Hochs oder Tiefs steigerte. Die Namen gingen nie aus, es gab für jedes Geschlecht zehn in alphabeti-

Eine Glaskugel für die Vorhersage? Nein, so etwas wird für die Messung der Sonnenscheindauer genutzt. Wen die Funktionsweise interessiert, der möge bitte Sonnenscheinautograph im Internet suchen. Dieses Exemplar steht auf dem Dach des Steglitzer Wasserturms, wo sich unser Institut befand.

scher Reihenfolge abzuarbeitende Listen, wobei die Männernamen für die Hochs und Frauennamen für die Tiefs vorgesehen waren. Da es über das Jahr mehr Tiefs als Hochs gibt, war man mit den Listen der Frauennamen meist nach zwei Jahren durch, bei den Männern reichte es mehr als doppelt so lange. Waren alle vergeben, ging es wieder von vorne los, das 261. Tief oder Hoch hieß wie das erste.

Doch wie kamen die Namen auf die Wetterkarte, wer hatte die Idee dazu?

Damals führte ich Besuchergruppen durch unsere Abteilung und wir schauten stets irgendwann durch die gläserne Wand ins Dienstzimmer des Meteorologen vom Dienst. Ich erklärte, wie es zur Namensgebung gekommen sei. Die meisten Besucherinnen waren verwundert, als sie erfuhren, dass die Idee, Tiefs mit Frauennamen zu versehen, von einer Frau stammte: Dr. Karla Wege. Sie, in den 1950ern Studentin am Institut, fand, dass man die Verlagerung der Druckgebilde so besser beschreiben könne. Ich verteidigte Frau Weges geschlechtliche Zuordnung, indem ich darauf verwies, dass es die Tiefdruckgebiete seien, die uns den lebensspendenden Regen brächten. Außerdem wirbelten sie unser Wetter oft gehörig durcheinander, sorgten für frischen Wind, seien alles andere als langweilig. Dagegen die behäbigen Hochs, die könnten doch nur Männernamen bekommen, oder? Diese Sicht wurde gern geteilt, besonders von den Damen. Die Herren nahmen sie meist müde lächelnd zur Kenntnis und widersprachen kaum.

Meine Sicht auf die Dinge hatte allerdings nicht mehr lange Bestand. Im Laufe der Zeit hat sich das Prozedere der Namensvergabe grundlegend verändert, denn in den 1990ern wurde klar, wie unzeitgemäß es war, dass die „bösen" Tiefs stets Frauen- und die „tollen" Hochs Männernamen bekamen. Die gefühlte Ungerechtigkeit führte zum Umdenken, ausgelöst durch eine Gruppe süddeutscher Frauen, die den Aufstand probte. An dessen Ende stand die neue Regel, wonach in geraden Jahren fortan Hochs mit Frauennamen versehen werden und Tiefs mit Männernamen, in ungeraden Jahren ist es umgekehrt. Obendrein wurde auch noch eine Wetterpatenschaft ins Leben gerufen.

Die Aktion „Wetterpate" dient tatsächlich einem guten Zweck. Das von Sparmaßnahmen arg gebeutelte Institut kann nur so seinen Wetterbeobachtungsdienst aufrechterhalten. Jeder kann Wetterpate werden. Dafür muss man sich entweder ein Hoch oder ein Tief kaufen, hat freie Namenswahl und kann auf diese Weise zum Beispiel einen lieben Menschen damit überraschen, dass irgendwann im Jahr sein Name auf der Wetterkarte erscheint. Ob „Horst“ dann ein Jahrhundertorkan wird oder ein lustloses Tief mit wenig aufregenden Schauern und einem lauen Lüftchen, das weiß vorher niemand. Auf jeden Fall ist der Kauf eines Hochs oder Tiefs ein außergewöhnliches Geschenk für eine wirklich gute Sache. Es wäre schade, wenn die lange Mess- und Beobachtungsreihe von Berlin-Dahlem unterbrochen oder gar beendet werden müsste, nur weil man dafür seitens der Universität kein Geld mehr bereitstellen will oder kann. (Mehr Informationen zur Patenschaft gibt es im Internet unter „www.wetterpate.de“.)

Im Steglitzer Wasserturm, in dem das Institut untergebracht war, lernte ich Thomas Globig kennen. Ich würde ihn im Nachhinein als eine Art beruflichen Ziehvater bezeichnen. Der Mann ist wetterverrückt, und das ist faszinierend. Ich teilte diese Leidenschaft und er als weitaus erfahrenerer Wetterdiensttechniker brachte mir Tricks und Kniffe der Wettervorhersage bei. Hätte ich mir ohne sein Zureden getraut, selbst mal in den Vorhersagedienst zu gehen? Vermutlich nicht.

Doch mir blieb nichts anderes übrig als zu überlegen, wie ich weiterhin „beim Wetter“ bleiben konnte, obwohl die Tage am Institut gezählt waren. An der FU regierte der Rotstift, Stelle um Stelle wurde gestrichen und irgendwann war es auch für die Kreativabteilung nicht mehr möglich, meine Anstellung zu verlängern.

Aber Thomas Globig hatte schon eine Idee. Es hieß, dass Jörg Kachelmann in Düsseldorf einen neuen Fernsehsender unterstützte, der rund um die Uhr Wetterberichte sendete. Dabei handelte es sich um den deutschen Ableger des US-amerikanischen TV-Senders „The Weather Channel“, bei uns hieß er „Der Wetterkanal“. Die suchten nun Leute, Moderatoren und Meteorologen. Das wäre doch *die* Chance! War sie das? Thomas Globig überzeugte mich, dass es eine war.

Ich bewarb mich, so wie er, als Moderator und Meteorologe. Das Casting war eine Katastrophe. Ich erzählte vor der Kamera einen so unfassbaren Stuss, man hätte es auch Kreibohms gestammelte Worte nennen können. Als Moderator wurde ich folglich nicht genommen – aber als Meteorologe! Ich durfte nun Vorhersagen machen. Meine Aufgabe war es, die Grafiken für die Fernsehsendungen zu erstellen, also unter anderem mit Sonne-, Wolken-, Regen- oder Schneesymbolen zu versehen, Temperaturen einzufügen. Hatte ein Moderator Dienst, der selbst kein Meteorologe war, musste ich ihn briefen, also sagen, was er sagen sollte. Oder sie, denn es gab natürlich auch Moderatorinnen. Dabei lernte ich zwei Dinge. Zum einen, wie man Prognosen fernsehgerecht aufbereitet, und zwar in Bild und Wort. Zum anderen, dass alle anderen Jungmeteorologen genauso wenig Ahnung von der Wettervorhersage hatten wie ich. Wir waren alle in den Zwanzigern oder höchstens knapp in den Dreißigern (außer Thomas Globig).

Die meisten hatten studiert, da lernte man viel, sehr viel – nur nicht, wie man eine Wettervorhersage machte. Hierzu brauchte man ein Grundverständnis für das Wetter – möglichst begleitet von einer schon beinahe krankhaften Begeisterung für Sonne, Wolken, Stürme – und man musste Prognosekarten lesen können. Den Rest erledigte die Erfahrung, die hatte keiner von uns, wir saßen alle im gleichen Boot und waren alle gleich schlau.

Unvergesslich bleiben die Momente, wenn nach der ersten täglichen Live-Sendung in den Morgenstunden nur Augenblicke später das Faxgerät ansprang und ein Blatt herauskam, mit riesigen Buchstaben beschrieben, von Hand, von Kachelmann: „Wie kommt ihr auf ...?“ – „Woher wisst ihr das ...?“ Ja, er hatte uns im Blick und konnte Stümperei nicht ertragen. Natürlich nahmen wir uns diese Kritik zu Herzen und es hieß dann stets: „Kachelmann, geh’ du voran und zieh’ die großen Stiefel an!“

Die Arbeit im Sender war sehr spannend, aber auch sehr anstrengend. Wir schonten uns nicht. Thomas Globig und ich gründeten eine Art Zweier-WG und wohnten unweit des Senders am Fuße des Düsseldorfer Stadttores, einem gigantischen gläsernen Hochhaus. Der Tag bestand aus höchstens sechs Stunden Nachtruhe und mindestens 18 Stunden Arbeit, ab und zu blieb noch Zeit für einen kurzen Kneipenabend bei Altbier oder Kölsch. Ja, Kölsch! In Düsseldorf gibt es auch Kölsch. Ich hatte es wissen wollen und bestellte mir in der Altbierkneipe ein Kölsch. Der Kellner fragte höflich nach, ob ich mir wirklich sicher sei. Und ich bekam das Getränk aus der wenig geliebten Nachbarstadt.

Die Düsseldorfer Kneipenkultur ist mit der im Norden oder Osten nicht zu vergleichen. In der Altstadt herrschte eigentlich immer Volksfeststimmung, die Straßen waren abends voller Leute, sitzend oder stehend an Tischen und stets ein Alt vor der Nase. Könnte man einen Teil davon, nur zehn oder zwanzig Prozent, in unsere Gegend übertragen, ins wunderschöne Stralsund zum Beispiel, wie herrlich könnte so ein Altstadtbummel sein, auch ohne dass Urlauber dabei behilflich sind, ein wenig Stimmung zu machen. Düsseldorf war eine Erfahrung, die ich nicht missen möchte, für meinen beruflichen Werdegang zudem außerordentlich wertvoll.

Den Wetterkanal konnte man vor allem in einigen Kabelnetzen sehen, auch über Satellit, allerdings nicht über den von den meisten Menschen genutzten ASTRA-Satelliten. Dennoch war er er-folgreich – und so gab es zum Jahreswechsel 1997/98 in Düsseldorf eine große Silvesterfeier des Senders, an der fast jeder Mitarbeiter teilnahm. Die Amerikaner hätten große Pläne, hieß es, alles werde mindestens gut, wahrscheinlich besser und vielleicht sogar spitze. Darum war wohl zwei Wochen später auch Schluss, der ganze Sender wurde eingestampft, alle erhielten ihre Kündigung. Das Aus kam aus dem Nichts und die Gründe blieben im Dunkeln. Diese Erfahrung habe ich mir gemerkt.

Der Weg zum Wetterstudio

Die Idee für die Errichtung eines Wetterstudios hatte Jörg Kachelmann. Von Hiddensee war anfangs noch keine Rede, es hätte überall in Meeresnähe aufgebaut werden können. Schließlich sollte es das ARD-Wetterstudio Nord sein, von dem ein Meteorologe ins Hauptstudio für die ARD-Sendung „Wetter vor Acht“ zugeschaltet werden oder zumindest einen aufgezeichneten Beitrag liefern konnte.

„Wetter vor Acht“ lief gegen 19:50 Uhr und dauerte unterschiedlich lang, etwa zwischen 90 Sekunden und drei Minuten, wie es gerade ins Programm passte. Passen musste auch das Wetter: Drohte im Norden ein Sturm, konnte der Meteorologe des norddeutschen Wetterstudios vor Ort in der Wettersendung deutschlandweit vor dem Sturm warnen und im günstigsten Fall am Folgetag aus dem Sturm berichten.

Es war logisch, dass das Wetterstudio Nord einen typisch norddeutschen Standort bekommen musste. Was lag da näher als die Küste? Und was lag da noch näher als ein Leuchtturm? Die Wiedererkennung für den Fernsehzuschauer wäre fabelhaft und man könnte sofort erkennen, dass sich der Moderator im Norden befand, wenn hinter ihm das Meer rauschte oder ein Leuchtturm blinkte.

Ich war seinerzeit bereits in Kachelmanns Firma beschäftigt, nach dem Aus des Wetterkanals in Düsseldorf kam ich in der Meteomedia AG unter beziehungsweise in dessen deutschem Ableger, der Meteofax GmbH mit Sitz in Berlin-Steglitz, auf dem Fichtenberg, in einer Etage der damals schon alten „Villa Anna“. Hier schrieb ich Wetterberichte für große deutsche Tageszeitungen wie den „Tagesspiegel“ oder das „Handelsblatt“. Die ließen sich eine gute Wettervorhersage für Deutschland und die Welt zu jener Zeit noch richtig etwas kosten, man legte noch Wert auf Qualität. Die konnte Kachelmann mit seinen Mitarbeitern bieten. Die Arbeit machte Spaß. Kollegen führten Live-Wettergespräche mit Berliner Radiostationen, ich blieb jedoch im Hintergrund und war nie im Radio zu hören.

Durch firmeninterne Entscheidungen wurde das Büro im Frühjahr 1998 von Berlin nach Köln verlegt, und so wechselte ich dorthin, zumindest dienstlich. Und dies wieder gemeinsam mit Thomas Globig. Sowohl er als auch ich lebten allerdings weiterhin in Berlin, keiner plante, ernsthaft ins Rheinland zu ziehen. Da aber der Leiter des Berliner Büros in Brauweiler bei Köln wohnte, hatten wir für unsere Aufenthalte dort schon mal eine Bleibe, wir benutzten sie, als er noch in Berlin das Büro abwickelte.

Später hausten wir wieder wie die Studenten in einer spärlich eingerichteten Wohnung am Rande der Rheinmetropole, ebenfalls in Brauweiler. Von dort war es nicht weit bis ins Büro nach Köln-Ossendorf, zumindest mit dem Auto. Globigs uralter Golf II half, er stellte ihn leihweise als rheinländischen Dienstwagen zur Verfügung. Der weiße Diesel tat seine Pflicht und fuhr abwechselnd Thomas oder mich – denn wir hatten so gut wie nie gemeinsam Dienst – in die Firma, die einige Räume im sogenannten Cologne Broadcast Center bezogen hatte.

Dieses moderne Gebäude im „Chic" der 1990er-Jahre beherbergte diverse Fernsehproduktionsfirmen und einige Studios, mit denen hatten wir allerdings nichts zu tun. Der Name Cologne Broadcast Center klang natürlich furchtbar wichtig und manch ein Mitarbeiter fühlte sich auch so. Fernsehleute, wie man sich Fernsehleute vorstellt, dagegen war unsere Truppe aus dem Meteofax-Büro geradezu exotisch. Und das lag sicherlich nicht nur daran, dass wir neben unserem Firmenschild mal ein A4-Blatt mit der Aufschrift *Wetterkombinat „Sonnige Zukunft"* geheftet hatten oder einen Wimpel, der auf das *Kollektiv der sozialistischen Arbeit* verwies.

Vom Kölner Büro aus hielten wir Kontakt mit der ntv-Wetterredaktion. Diese bestand nicht nur aus moderierenden Meteorologen

Blick ins neue Kölner Büro, hier mit improvisiertem Büroschild (1998)

und Meteorologinnen – eine Kollegin zum Beispiel präsentierte das Wetter im Fernsehen zwar erstklassig, man musste ihr jedoch alles haarklein erklären, die Worte sozusagen in den Mund legen. Das strengte an, zeigte aber auch, dass sie alles richtig machen wollte, was man in der Branche nicht unbedingt erwarten konnte und kann.

Die Zeit in Köln war kurz, aber schön, allerdings befand ich mich zu oft im Rheinland, nicht in Berlin und schon gar nicht in Mecklenburg oder Vorpommern. Ich fremdelte mit dem Westen vom Westen, doch das ging meinen Kollegen aus dem Kölner Raum während der Einarbeitung in Berlin ebenso. Es hatte eine kurze Phase gegeben, während der die Berliner Mannschaft den „Neuen" aus dem Westen den Betriebsablauf erklären musste, bevor es endgültig nach Köln ging.

Für viele Kölner scheint alles, was östlich des Rheins liegt, schon suspekt zu sein, die Gegend östlich der Elbe sehen sie wie eine Art vordere Mongolei an. „Das kann man noch toppen!", dachten wir und luden die Wessis zu einem Ausflug ein. Wir gaben an, ein tolles Restaurant am Ostrand der Stadt aufsuchen zu wollen, und sperrten sie in unsere Pkw. Den Gesichtsausdruck, als auf der Autobahn ein Verkehrsschild verkündete, Warschau sei weniger als 600 Kilometer entfernt, werde ich nicht vergessen. Der Gang über die Oder in Frankfurt erforderte Überwindung, und nach einem Spaziergang durch das polnische Słubice gewann plötzlich der Weg zurück über die Oder eine völlig neue Bedeutung: Herrlich, wie sie sich auf den Osten freuten, der plötzlich im Westen lag.

Dass sich 1998 zu einem wahrhaftigen Wendejahr entwickelte, habe ich schon angedeutet. Ich musste sehen, wo ich am Ende blieb, und ging verschiedenen Ideen nach. Zwei davon hatten ein Casting zur Folge.

Eines fand beim ZDF statt, man suchte einen Wettermoderator für das Morgenmagazin. Ich bewarb mich, wurde eingeladen und stand schließlich auch im Studio vor der Kamera. Nein, sie nahmen mich nicht, eine deutliche Absage flatterte wenig später ins Haus.

Trotzdem versuchte ich es noch einmal, und zwar in Berlin. Hier hielt der regionale und private Sender 1A-Brandenburg Ausschau nach Wettermännern und Wetterfeen. Eine Berliner Kollegin und ich fühlten sich berufen, dort vorstellig zu werden. Wir schmissen uns derartig in Schale, dass wir auf dem Weg vom Büro in Steglitz zum Studio am Fernsehturm in der U-Bahn von mehreren Leuten Glückwünsche zur Hochzeit entgegennahmen. So schritt das vermeintlich junge Glück über den Alex zum Sender und jeder lieferte seine eigene Show vor der Kamera ab. Das Ergebnis war eindeutig: Zweimal ein Nein! Damals konnte keiner von uns beiden ahnen, dass sowohl sie als auch ich irgendwann doch vor der Kamera stehen würden, um im Fernsehen das Wetter zu präsentieren. Wenn Sie sich also, liebe Leserinnen und liebe Leser, berufen fühlen, im Fernsehen moderieren zu wollen: nur zu, lassen Sie sich casten und am Ende abwatschen, es hat keinerlei Bedeutung.

„Du wirst am Anfang denken, dass du es nicht kannst …“

„… du machst es aber einfach trotzdem.“ Mit diesen Worten begann dann für mich doch noch die Zeit als Wettermann in Funk und Fernsehen. Gesprochen hatte sie Jörg Kachelmann, im Hochland von Hiddensee, direkt an der Pension „Klausner“, in Sichtweite des Leuchtturms „Dornbusch“. Der „Klausner“ hatte ein paar Ferienhäuser in unmittelbarer Nähe, eines davon, das Haus „Erika“, wurde Sitz des ARD-Wetterstudios Nord – genauer gesagt: die untere Etage der kleinen Blockhütte.

Es war ein großes Glück, dass die Wahl auf Hiddensee fiel. Das Studio hätte auch ganz woanders aufgebaut werden können, schließlich ist die deutsche Küste von Borkum bis Usedom hunderte Kilometer lang und mit zahlreichen Leuchttürmen versehen. Es hieß zunächst, Kachelmann habe den Leuchtturm „Roter Sand“ ins Auge gefasst, ein Leuchtfeuer *in* der Nordsee, nicht *an* der Nordsee, also mitten im

Wasser. Unter uns Kollegen machte sich angesichts dieser Idee eine sehr konkrete Besorgnis breit. Was, so haben wir uns gefragt, wenn man nach vielleicht 14 Tagen Dienst am Stück, ganz allein auf dem Turm, gar nicht mehr wusste, dass man *alleine* war? Oder nach drei Wochen, wenn Stürme die stundenlange Überfahrt einer „Wachablösung" von Bremerhaven verhinderten? Keiner konnte sich vorstellen, dort gern zu arbeiten.

Doch Hiddensee? Eine kleine Insel im blauen Meer, mit grünen Hügeln im Norden, von einem Leuchtturm überragt, der seine rote Haube wie eine Krone trägt? Ein Ort, „der nur mit dem Schiff zu erreichen ist und nur mit dem Schiff wieder verlassen werden kann" (Durchsage von Kapitän Gau auf den Überfahrten nach Hiddensee)? Ein kleines Ländchen mit schroffem Kliff nach Westen, den Stürmen trotzend und alle Wetter scheinbar klaglos hinnehmend? Ja! Genau das war der richtige Standort.

Kachelmann konnte seine Idee, im Norden Deutschlands ein ARD-Wetterstudio einzurichten, auf der kleinen Ostseeinsel umsetzen. Nicht zuletzt aufgrund der Unterstützung durch den damaligen Kurdirektor Alfred Langemeyer und sicherlich auch anderer Personen, die er von seiner Idee zu begeistern wusste. Dem Start am 1. September 1998 stand rasch nichts mehr im Wege.

Zuvor mussten allerdings Leute gesucht werden, die hier arbeiten mochten. Unter anderem erging eine Anfrage an mich. Wie ich Jahre später erfahren sollte, war ich nicht die erste Wahl gewesen – was für ein Pech für den, der abgesagt hatte. Ich hingegen sagte zu, ging davon aus, dass ich statt von Köln oder Berlin nun eben von Hiddensee aus meine Zeitungs- oder Radiowetterberichte schreiben würde. Jörg Kachelmann sah das anders: „Du wirst hier jetzt Fernsehen machen. Du wirst am Anfang denken, dass du es nicht kannst, du machst es aber einfach trotzdem!"

Sein mitgebrachter Kameramann erklärte mir im Schnelldurchlauf binnen weniger Tage die Funktionsweise der Fernsehkamera und des Mikrofons, ein weiterer Techniker die Raffinessen der Videoübertragung mit einem damals nagelneuen System der Telekom. Kleiderschrankgroß stand es im Büro und war mit mindestens zwei Dutzend Telefonleitungen verbunden, die wir beim Übertragen eines Videos alle gleichzeitig belegten. 30 Sekunden Video in die Schweiz, dem

Mein erster Tag im Wetterstudio Hiddensee, Ende August 1998. Und schon passierte etwas, das nicht jeden Tag geschah: Ein Fernsehteam streifte mit Kachelmann (und mir) über die Insel. Wahrscheinlich wurde das neugegründete Studio vorgestellt, ich weiß es leider nicht mehr.

Durch den Sucher erfolgt der letzte Kontrollblick für die Fernsehaufnahmen, der Kameraschutz deutet auf schlechtes Wetter hin. (Anfang 2000er-Jahre)

Ein gemütlicher Arbeitsplatz im Haus „Erika“ – beengt, aber schön (um 2000)

Hauptsitz von Kachelmanns Meteomedia AG, zu übertragen, dauerte nach meiner Erinnerung etwa eine halbe Stunde. Dort wurde das Material ver- oder bearbeitet und ging schließlich als kurzer Einspieler innerhalb „Wetter vor Acht“ im Ersten auf Sendung.

Rasch blieb ich allein auf Hiddensee zurück, hatte plötzlich die alleinige Verantwortung als Meteorologe, Moderator, Kameramann und Übertragungstechniker. Zu meinen Aufgaben zählte neben der Produktion von Einspielern für die ARD auch das Schreiben der Wetterberichte für Antenne MV, hier kam ich in den ersten Wettergesprächen meines Lebens zu Wort. Dabei wäre es wenige Jahre zuvor schon beinahe so weit gewesen. Im Funkhaus in Plate sollte ich den Antenne MV-Wettermann Karsten Schwanke ablösen. Er war für das ARD-Wetter vorgesehen. Karsten hatte mich eingearbeitet, doch der Sender wollte mich nicht, nach vier Tagen durfte ich wieder gehen. Nun, im Jahr 1998, blieb ihnen keine Wahl mehr, und dieses Mal durfte ich am Ball bleiben.

Meine erste Autogrammkarte! Wichtiges Detail: Ich trage einen Schal (meiner Erinnerung nach sogar den Gewinnerschal) aus der Zuschaueraktion „Stricken Sie einen Schal für die Hiddenseer Wetterfrösche“. Uns erreichten etliche liebevolle und kreative Handarbeiten, die wir im Laufe der Jahre „abtrugen“.

Das ging ein halbes Jahr gut, doch während dieser Zeit war auch der NDR Mecklenburg-Vorpommern auf das Wetterstudio Hiddensee aufmerksam geworden. Es entzieht sich meiner Kenntnis, wie beide zusammengekommen sind, auf jeden Fall war mit dem ersten Wetterbericht für das „Nordmagazin“ die Zeit mit Antenne MV urplötzlich vorbei, die Wettergespräche führte ich fortan mit NDR 1 Radio MV, dem „Schunkelsender“, wie mein Nachbar ihn noch Jahre später nannte. Dass daraus mittlerweile ein modernes Programm geworden ist, freut auch mich – und ich kann inzwischen auf über zwei Jahrzehnte intensive und wunderbare Zusammenarbeit zurückblicken.

In diesen zwei Jahrzehnten haben wir einige Stürme durchlebt, und ich habe irgendwann auch dem NDR1-Telefonspaßvogel Leif Tennemann verziehen, dass er mich reingelegt hat. Im größten Stress – ich war gerade dabei, mein Video ins Funkhaus zu übertragen –, rief er mit verstellter Stimme und aufgesetztem sächsischen Dialekt an. Er gab sich als Fan aus, der seinen Freund zum Geburtstag damit überraschen wollte, während meiner Aufzeichnung hinter mir mit einem Schild hin und her zu laufen. Auf dem Schild sollte natürlich der Name des Freundes stehen. Ich verneinte beharrlich und erklärte, dass dies nicht ginge, sonst könne ja jeder kommen und so weiter. Doch der vermeintliche Fan blieb nervtötend hartnäckig und wollte mich zum Schluss darauf herunterhandeln, dass wenigstens der Anfangsbuchstabe des Geburtstagskindes auf besagtem Schild stehen könne. Das erschien mir völlig absurd und ich hatte keine Lust mehr auf eine weitere Unterhaltung. Schließlich ist das Übertragen des Bildmaterials immer heikel und muss überwacht werden – und dann grätschte dieser Sachsenvogel mit seinem düsigen Ansinnen dazwischen.

Tennemann hat schließlich die Maske fallen lassen und sich diebisch gefreut, mich hinters Licht geführt zu haben. Ich war nicht sehr freundlich, weil völlig genervt, musste am Ende aber auch lachen. Jahre später habe ich ihm dann geholfen, den Kollegen Thomas Globig reinzulegen. Der hatte nämlich in einem Winter einen Schneemann gebaut, gleich neben dem Wetterstudio, und diesen in einer Moderation auch im Bild gehabt. Ich schlug Tennemann vor, sich als ein Mitarbeiter vom Nationalparkamt auszugeben, der erklärt, dass

Mutige Menschen installieren in luftiger Höhe die Leuchtturmkamera, die heute leider nicht mehr im Dienst ist. (1998)

Schneemänner im Nationalpark nichts zu suchen hätten und deren Bau strikt verboten sei. Globig konnte es nicht fassen ...

Im Dornbuschwald stand das Wetterstudio von 1998 bis Ende 2005. Es wurde zwischenzeitlich immer mal wieder modernisiert, die Übertragung der Videos erfolgte sehr bald via Satellitenschüssel, die eigens für uns ins Hochland gestellt worden war. Nun kamen die Aufnahmen 1:1, also völlig ohne Zeitverlust, in der Schweiz an. Wir schickten alles zum Satelliten hoch, den man extra dafür mieten musste. Man bekam ein Zeitfenster zugeteilt, in dem die Übertragung stattzufinden hatte. So ein Fenster war teuer und es ergab sich zudem das Problem, dass man am Ende des gebuchten Zeitraums seinen Sender wieder abschalten musste.

Tat man dies nicht, konnte niemand anderes auf der Welt den gemieteten Satelliten nutzen. Das ist tatsächlich ein paar Mal passiert. Ich befand mich schon auf dem Wassertaxi Richtung Insel Rügen (wo ich wohne), als der Anruf aus der Schweiz kam: „Stefan, Du bist noch oben!“, hieß: Hiddensee sendete munter Signale ins All und verwehrte damit irgendwem die Satellitenübertragung. Daraufhin war ich gezwungen, flehend auf den Taxikapitän einzureden, um ihn zur Umkehr zu bewegen, zu seiner großen Freude und natürlich auch der der anderen Fahrgäste. Man dachte dann, dass wird einem nie wieder geschehen, doch manchmal fand die Übertragung so knapp vor Abfahrt des Schiffes statt, dass ich es im Stress doch wieder vergaß. Später ließ der Kollege am Empfänger in der Schweiz jedoch verlauten, man könne meine Übertragung nun selbst aus der Ferne „abschießen", so dass Hiddensees Sendung fürs All notfalls ohne meine Mithilfe unterbrochen werden konnte.

Trotzdem: Einige Male sind die Live-Aufnahmen der Leuchtturmkamera, die als Testbild dienten, bevor die Übertragung begann, und die auch nach der Sendung zu sehen waren, über Satellit in die Welt übertragen worden. Das Vergnügen derer, die diese Bilder sahen, obwohl sie eigentlich gern selbst etwas gesendet hätten, dürfte sich vermutlich sehr in Grenzen gehalten haben. Dabei ist Hiddensee doch so schön.

Eine halbe Million für ein Wassertaxi

Jeder, der Hiddensee besucht, ist einzigartig. Hunderte einzigartige Menschen strömen jeden Tag in der Saison auf die Insel, an manchen Tagen sind es Tausende. Die Summe aller Individuen nennt man, das habe ich schnell gelernt, Touristen, von den Einheimischen liebevoll „die Touris" genannt. Es gibt sie sowohl als Alleinreisende als auch paarweise, manche kommen in Gruppen, teilweise geführt. Sie werden – meist in Schaprode auf Rügen – aus Bussen gekippt und versammeln sich im dortigen Hafen. Die Gruppenreisenden laufen häufig treu ergeben hochgehaltenen, sehr farbigen Schirmen hinterher. Ich kann nur mutmaßen, dass die Schirmfarbe oft geheim gehalten und erst mit der Ankunft des Busses bekannt gegeben wird. Dies würde es zwielichtigen Gestalten unmöglich machen, mit einem eigenen, gleichfarbigen Schirm vor dem Schiff am Abfahrtshafen zu stehen, um arglose Reisegruppen abzufangen und sie auf einen Schlag zu entführen, in ein Kaufhaus zu locken und komplett beige einzukleiden. Zeugen berichten glaubhaft, dass etwas Derartiges bereits mehrfach geschehen sei, nur so sei der Einheitslook zu erklären.

Die „Generation beige“ ergänzt stets die gern maritim eingekleideten Mitvierziger und -fünfziger, die ihre Vorliebe für die See mit auf die Kleidung gedruckten Emblemen wie Möwe, Anker oder Buhnen beziehungsweise einer Kombination aus allem zur Schau tragen, jeder für sich, ganz individuell natürlich. Der binnenländische Fahrgast trägt zudem gern Quergestreiftes, und dies unabhängig davon, ob es ihm zum Vor- oder Nachteil gereicht. Diese kunterbunte Mischung Erwartungshungriger nimmt schließlich die Schiffe der Reederei Hiddensee in Beschlag und schippert über den Bodden, dem „Söten Länneken“ entgegen. Manche staunen nur, die Neugierigen fragen. So wird ein Matrose an einem Tag mehrfach um ein und dieselbe Auskunft gebeten. Professionell freundlich gibt es meist die korrekte Antwort. Bis dann doch der Geduldsfaden mal reißt, denn auch ein Seemann ist nebenberuflich Mensch.

Wer ein Schiff verpasst, hat die Möglichkeit, mit dem Wassertaxi überzusetzen. Sollten Sie das tun wollen, dann fragen Sie nicht, was so ein Taxi kostet. Es kann passieren, dass Sie als Antwort bekommen: „Eine halbe Million Euro!“ Fragen Sie lieber: „Was kostet eine Überfahrt mit dem Taxi?“ Sie kostet etwas mehr als mit dem Schiff, es sei denn, Sie mieten es für sich alleine, dann sind Sie unter 80 Euro nicht dabei. 80 hat es Ende der 1990er-Jahre auch schon mal gekostet, damals aber noch 80 DM.

Auf Hiddensee selbst gibt es keinen Taxibetrieb mehr, er wurde kurz nach der Jahrtausendwende eingestellt, als der einzige Taxifahrer in den Ruhestand ging. Eine neue Lizenz vergab man nicht. Der alte blaue Mercedes-Bus ward seitdem nicht mehr gesehen. Als er noch im Einsatz war, spottete man, dass ihn sicher auch goldene Radkappen zieren könnten, Geld dafür müsste vorhanden sein. Und in der Tat war eine Fahrt nicht billig, aber die einzige Möglichkeit, sperrige oder schwere Dinge rasch von A nach B zu transportieren, vor allem, wenn die Pferde der Kutscher schon schliefen. Der feste und vor allem offenbar sehr frühe Schlaf der Hiddenseer Zugtiere war tatsächlich mal der Grund für das Ablehnen einer Transportanfrage von Kollegen. Sie hatten schwere Technik dabei, die vom Hafen zum Wetterstudio geschafft werden sollte. Wir lernen also, dass man neben schlafenden Hunden auch Pferde niemals wecken sollte. Der blaue Bus erwies sich als die Rettung, der Diesel tat seine Arbeit, der Taxiunternehmer wurde gut entlohnt, bis zum Schluss blieben die stählernen Felgen allerdings ohne goldene Kappe.

Ohnehin brauchten wir nach wenigen Jahren kein Taxi mehr – und auch keinen Fahrdienst der Telekom. Der war zwischendurch notwendig gewesen, denn es gab Probleme mit unserer Telefonleitung ins Wetterstudio. So mussten die täglichen Videos von der Telekom-Kopfstation im fünf Kilometer entfernten Vitte übertragen werden, nur von dort war eine Verbindung ins Funkhaus nach Schwerin herstellbar. Die Telekom hatte einen Mitarbeiter samt E-Golf auf der Insel, während wir noch kein Elektrofahrrad besaßen, mit dem wir auf dem Rückweg den Berg zum Wetterstudio leicht hätten bewältigen können. So fuhr ich mit „Telefonmann“ Ulf jeden Nachmittag vom „Klausner“ hinunter nach Vitte, übertrug das Video, und dann ging es gleich wieder zurück. Die Fahrt durch die Touristenströme war meist entspannt, außer an einem Nachmittag im Sommer 1999. Das hatte aber nichts mit den Inselgästen zu tun, die teils widerwillig zur Seite wichen, sondern mit Hansa Rostock. Während unserer Fahrt rang Hansa mit dem VfL Bochum um den Sieg, es ging um den Klassenerhalt. Der als „Wunder von Bochum“ in die Geschichte eingegangene 3:2-Erfolg der Kogge hatte Herzschlagpotential. Wir haben uns riesig gefreut und „Ist das geil!“ gerufen. So sieht Hiddenseer Freudentaumel aus – kann sein, dass wir sogar für einen Moment die Fahrspur verlassen haben, mindestens um einen halben Meter.

Von den gelegentlichen kleinen Problemen im Hintergrund sollten die Zuschauer des „Nordmagazins“ möglichst nichts mitbekommen, das war und ist stets das Ziel. Immerhin ist die allabendliche Sendung seit Jahren das beliebteste Regionalmagazin innerhalb der ARD. Die

Besatzung des Wetterstudios Hiddensee trägt ihren Teil dazu bei und erlangte durch die hohe Einschaltquote rasch einen enormen Bekanntheitsgrad. Dieser soll schon nach einem Jahr bei über 90 Prozent gelegen haben! Herausgefunden hatte das eine Werbeagentur.

Im Auftrag einer Rostocker Brauerei wurde 2001 ein bekanntes Gesicht des Landes gesucht, ein möglicher Werbeträger für eine Plakataktion. Die Wahl fiel auf mich. Ich empfand es als seltsam, für so prominent gehalten zu werden. Aber natürlich war es auch schmeichelhaft, die Gage zudem verlockend. Obendrein gab es für das Fotoshooting eine Reise nach Mallorca, gratis. Zwei Nächte in einer herrlichen Finca, die eingebettet in den Hügeln des Inselsüdens lag, beste Verpflegung und ein eigener Chauffeur. Aber warum Mallorca? Ganz einfach: wegen des stabileren Wetters. Das war für ein Shooting notwendig. Einschließlich aller Vorbereitungen, wie Aufbau der Beleuchtung, des Schminkens und des Fotografierens, dauerte dies doch mehrere Stunden. Und das alles unter der Sonne Mallorcas!

Aber denkste! Klärchen wollte nicht, bewölkt begann der Tag, es sah sogar nach Regen aus. Und es war kalt. „Wird das noch?", fragte mich der Cheffotograf. Ich nickte beruhigend, die Wolken erschienen harmlos. Und tatsächlich lag der auf die Baleareninsel verlegte Warnemünder Strand am Vormittag zumindest zeitweise in der Sonne. Was neben den leicht bedrohlich wirkenden Wolken leider auch blieb, war der kalte, böige Wind. Das hatte nun doch etwas von Ostsee, ließ sich aber schlecht bildlich einfangen. Die Crew zog ihre Jacken kaum aus. Ich ließ mich im Sommerhemd mit einem Glas Bier in der Hand dutzendfach ablichten. Mal den Kopf etwas höher oder schiefer, mehr lächeln, weniger lächeln, und zwischendurch sackte die Schaumkrone des Gebräus immer wieder zusammen. Dabei wurde dies mit Hilfe eines geheimnisvollen Pulvers extra stabilisiert. Mehrfach pustete eine vermutlich extra dafür angestellte Bieraufschäumerin mit einem kleinen Luftschlauch ins Pils, bis die perfekte Blume „mein Gold der Küste" (so hieß der damalige Slogan für das Getränk) krönte. Auf dem Plakat konnte man später einen bierseligen Wettermann sehen, der – ein Glas Rostocker Pils hochhaltend – vor dem Meer steht und obendrein einen Kronkorken auf der Stirn trägt. Der Korken war echt (und angeklebt), das Getränk hingegen nicht. Auf ganz Mallorca gab es kein Rostocker Pils, wir mussten uns mit Budweiser begnügen. Einen Kronkorken habe ich seitdem nie wieder getragen, hatte dafür in den drei Jahren Werbepartnerschaft aber stets genügend Bier im Haus.

Ende 2005 zogen wir vom stillen Hochland in ein Gebäude im Hafen von Kloster und waren damit fortan hart am Puls der Insel.

Wer auch immer im neuen Büro zu Besuch war und ist, schwärmt(e) vom wunderbaren Blick aus den Fenstern. Die Aussicht auf den Bodden, den Hafen mit seinen vielen kleinen Segelbooten im Sommer, die Sonnenaufgänge, den Deich zwischen Kloster und Vitte – das alles ist in der Tat wunderschön. Leider sieht man vom Bürostuhl aus nur Dachschrägen und durch das Fenster ausschließlich Himmel, wobei die Zuständigkeit des Diensthabenden ja im Grunde im Himmlischen liegt.

Doch es bleibt auch Zeit, die Umgebung mittels Fernglas zu erkunden – bis zur Rügenbrücke reicht die Sicht an klaren Tagen – und die Unbedarftheit, um es freundlich auszudrücken, nicht weniger Radfahrer und Spaziergänger auf dem Deich bei aufziehendem Gewitter zu betrachten. Es erstaunt mich immer wieder, wie ruhig manche der Gefahr entweder entgegenblicken oder diese völlig ignorieren. Schließlich können Blitze auch einige Kilometer aus einer Wolke herausreichen und einschlagen, das Internet zeigt viele solcher Bilder. Möglicherweise würde es helfen, abschreckende Fotos von Blitzopfern an den Zugängen zum Deich aufzustellen. Zum Glück sind diese gefährlichen Momente selten, dafür kann man sich im Sommer viel häufiger am Gesang der Lerchen erfreuen, die gerne minutenlang über dem Hang des Deiches flattern.

Über die Jahre gab es immer wieder Veränderungen. Ich hatte nette Kolleginnen und Kollegen an meiner Seite, ob Susanne Danßmann oder Juliane Pestel, ob den wetterverrückten Thomas Globig oder Uwe Ulbrich. Uns alle eint die Verbundenheit mit dieser Insel. Es gibt nicht viele, die die Strapazen der ständigen An- und Abreise auf sich nehmen. Doch Hiddensee entschädigt für die Mühen, die Arbeit für den NDR macht Spaß, gerade auch, weil es die Kombination von Radio und Fernsehen gibt. Die Hörerinnen und Hörer von NDR1 Radio MV wissen, dass die Dame oder der Typ, die oder der ihnen schon frühmorgens etwas über das Wetter erzählt, auch am Abend noch für sie da ist, zum letzten Interview um 18:30 Uhr oder um kurz vor 20 Uhr im „Nordmagazin". Dann natürlich mit Puschelmikrofon …

Das hatte Jörg Kachelmann eingeführt, seit 1998 ist es das Markenzeichen unserer TV-Auftritte. Es schirmt wunderbar die Windgeräusche ab, zugleich flattern seine langen „Haare" im Sturm und der Moderator hat Mühe, es zu halten. Schnell wurde klar: Viele Zuschauerinnen und Zuschauer lieben es. Für manche war es sogar so wichtig, dass sie, ohne „Puschelchen" gesehen zu haben, nicht mehr schlafen konnten. So zum Beispiel für die kleine Nathalie aus Rostock, um das Jahr 2000 herum war sie zwei oder drei Jahre alt. Woher ich das weiß? Nun, die Mama schrieb mich an, denn ich hatte an windschwachen Tagen plötzlich mit einem ganz normalen Mikro moderiert. Sie wies mich darauf hin, dass ihre kleine Tochter nun nicht mehr schlafen könne, weil der „Mann mit dem Wuwu" nicht mehr kam. Tja, der Mann war ich, das Wuwu das Puschelmikrofon. Es war die drolligste Nachricht, die mich je erreicht hat, und ich gelobte noch am gleichen Tag das sofortige Einstellen von Moderationen ohne Wuwu. Seitdem habe ich mich nicht mehr getraut, ohne Puschel vor die Kamera zu treten, schließlich hat man als Fernsehwettermann auch eine gewisse Verantwortung. Die kleine Nathalie wurde groß und wirkte 2012 bei unserer Begegnung vor meiner ersten Lesung aus „Kreibohms Wetter!" in Rostock sehr ausgeschlafen. Ich hatte also alles richtig gemacht.

Die Insel habe ich in all den Jahren in mein Herz geschlossen, sie mehr geliebt als verflucht, was sich vermutlich auch nicht ändern wird. Es ist schwer, sich dem Zauber Hiddensees zu entziehen, wenn im Sommer das letzte Schiff abgelegt und alle Tagesgäste mitgenommen hat. Wenn Ruhe auf den Wegen eintritt und die Menschen in die Gasthäuser einkehren, wenn geschlendert werden kann, über den Deich, am Strand, durch die Wiesen – und wenn in der Dämmerung der Leuchtturm damit beginnt, seine Strahlen aufs Meer zu senden, über die Wipfel der Bäume im Hochland und den kleinsten Ort der Insel, über Grieben. Lehnt man bei Dunkelheit mit dem Rücken am Leuchtturm, ist der Anblick der Strah-

Der Klassiker: Wettermann mit Puschel vor Leuchtturm (2017)

lenkuppel überwältigend. Den Inselsüden umweht der Duft von See und Heide, man fährt an stillen Abenden mit dem Fahrrad durch Schwaden kalter Luft, die Mücken prasseln ins Gesicht – nur nicht den Mund öffnen, wenn man noch etwas essen möchte, sonst schnappt man sich an Fliegen und Mücken satt. Aber wenn sich dann auf dem Weg nach Norden am Rande der kleinen Heidewäldchen nach der letzten Biegung der Blick auf den im Sommer stets hellen Nordhorizont öffnet, an dem sich das Hochland abzeichnet und das Blinken des Leuchtturms die Richtung weist, dann glaubt man nur noch an das Gute in dieser Welt. Es kann nur Frieden geben, alles andere wirkt verrückt.

So habe ich es noch nicht einen Tag bereut, mich 1998 für Hiddensee entschieden zu haben. Seitdem kämmt der Wind meine Haare und hat dabei immer leichteres Spiel. Natürlich bin ich nicht älter geworden, dafür aber erfahrener. Wetter bleibt spannend, Unwetter aufregend, so richtig will sich Gelassenheit nicht einstellen. Es wurmt mich nach wie vor, wenn es doch mal mehr Wolken gibt als gedacht, keinen Regen, obwohl tags zuvor alles dafür sprach, oder die Sonne wider Erwarten den ganzen Tag scheint statt nur wenige Stunden.

Hiddensee ist für mich in all den Jahren jedoch „nur" Arbeitsort geblieben. Ich wohne auf Rügen, habe auch dort ein kleines Büro. Aus diesem kann ich problemlos Wettergespräche mit Radiosendern führen, durch entsprechende Technik in der gleichen Tonqualität wie von Hiddensee aus, ein Unterschied ist nicht zu hören. Diese Ausweichmöglichkeit erwies sich schon oft als wertvoll, denn es kommt vor, beispielsweise bei Niedrigwasser oder schwerem Sturm, dass keine Schiffe nach Hiddensee fahren – Schiffe, auf die ich als täglicher Pendler angewiesen bin. Dann bleibe ich daheim auf Rügen und „sende" von dort. Zumindest, wenn alle Leitungen aufgebaut werden können. Das gelang bisher meistens, allerdings nicht immer.

Ich erinnere mich an das Jahr 2014. Im August hatte ich für mein heimisches Büro den Telekommunikationsanbieter gewechselt, was, wie sich schnell herausstellte, ein großer Fehler sein sollte. Das Problem war der Übergang von Unternehmen A zu Unternehmen B. Bei A war ich schon abgemeldet, B jedoch hatte es versäumt, mich anzumelden. Dazwischen herrschte ein großes Nichts – und dieses Nichts

Hier ist der Blick fürs Detail wichtig: Bitte nicht vom Auto ablenken lassen, es geht um die professionelle Verkabelung zum ISDN-Anschluss des Nachbarn. (2014)

Hoffentlich nie wieder: mein Carportbüro (2014)

war weder mit dem Internet noch mit dem Telefonnetz verbunden. In diesem Zustand lebte ich wochenlang, hin und wieder nahm ich Kontakt zu einem der Anbieter auf, bei keinem der beiden war ich registriert, denn weil mich A nicht mehr kannte, konnte mich B nicht aufnehmen. Kurz: Mich gab es nicht.

Nun könnte man ein ruhiges Leben führen, der Welt entrückt und von allen Kommunikationswegen abgeschnitten (ich wohne obendrein in einem Funkloch). Allerdings war ich dienstlich auf eine Telefonverbindung angewiesen, denn über diese wurde der Kontakt zum Funkhaus hergestellt, damit ich meine Live-Wettergespräche führen konnte. Unbedingt erforderlich war hierfür ein ISDN-Anschluss, den hatte ich nun nicht mehr. Aber dafür mein lieber Nachbar! So zogen wir eine Strippe aus seinem ISDN-Kasten auf mein Grundstück, doch leider reichte das Kabel nur bis zu meinem Carport. Deshalb verlegte ich kurzerhand mein häusliches Wetterstudio in den Dachboden besagten Carports – und die vermutlich ersten Carportwettergespräche weltweit gingen über den Sender. Es gab keine Abstriche bei der Tonqualität, niemand hat etwas gemerkt.

Schnee oder Klopapier

In den letzten Jahren ist auch in den Medien eine Veränderung spürbar, immer häufiger wird Ungewöhnliches beim Wetter gleich zu einer Sensation hochstilisiert. Ganz vorne mit dabei sind diverse Anbieter im Internet, aber auch Onlineportale einiger Zeitschriften. Das führt immer öfter zu Übertreibungen, die sich sogar bis ins seriöse Fernsehen auswirken. Ein Sensationswettbewerb, den ich kritisch sehe und dem ich mich zu entziehen suche. Ich berichte lieber nüchtern und sachlich, wenn wirklich etwas Außergewöhnliches passiert, merkt man mir das ohnehin an. Und ich bin froh, dass mir das Funkhaus diesen Raum lässt. Nicht jeder Reporter hat das Glück.

Wenn Journalisten, die sonst nicht viel mit dem Wetter zu tun haben, über dieses berichten müssen, weil so unglaubliche Dinge geschehen sind wie ein Sturm im Herbst, Schneefall im Winter, plötzliche Wärme im Frühling oder ein Gewitter im Sommer, wird es interessant. Schließlich ist im Grunde gar nichts passiert, zumindest nichts, was außergewöhnlich wäre.

Unser Wetter hat eine gewaltige Bandbreite. Selbst in Zeiten präziser Vorhersagen, rechtzeitiger und zum Teil stundengenauer Warnungen vor jeglichem Ungemach ist am Tage des Eintretens oft zu vernehmen, dass viele Menschen „überrascht“ wurden, besonders gern „die Autofahrer“. Das überrascht wiederum mich, vor allem dann, wenn die Vorhersage zugetroffen hat.

Offenbar kann man noch so viele Hinweise geben, irgendwer zeigt sich immer verwundert. Und wenn schon nicht vom Wetter selbst, dann wenigstens von dem Umstand, dass Schnee zu Glätte führt, vor allem wenn er auf der Straße liegen bleibt. Das völlige Ignorieren physikalischer Gesetzmäßigkeiten ist beinahe faszinierend. So kann man es durchaus als gesichert ansehen, dass Reifen auf Schnee einen Druck ausüben. Dieser Druck führt zur Erwärmung der Druckstelle, was den Schnee zum Schmelzen bringen kann. Damit ist dieser auf der Fahrbahn einem permanenten Wechsel aus Zusammendrücken durch das Gewicht der Fahrzeuge und Befreiung davon ausgesetzt. Ist der Druck weg, greift der Frost wieder an, der Schmelzwasserfilm wird zu Eis. Daher vereisen schneebedeckte Fahrbahnen bei viel Verkehr sehr schnell, dagegen ist frischer Schnee relativ griffig, zumindest mit Winterreifen. Das Straßeneis wiederum gilt in Fachkreisen als glatt, denn auch hier geschieht das Gleiche wie beim Schnee: Fährt man darüber, entsteht ein dünner Wasserfilm unter der Druckstelle, also unter den Reifen.

Dieser Prozess entspricht übrigens dem, den Schlittschuhe ausüben und den Träger ebensolcher über das Eis gleiten lassen – wenn er es denn beherrscht.

Wer die über die Medien verbreiteten Warnungen nicht hören will, dem ist nicht zu helfen. Dass möglicherweise manchmal auch die Gefahren zu sehr beschworen werden und der Aufruf, doch bitte vorsichtig zu fahren, beinahe zur Floskel verkommt, mag hier und da stimmen. Trotzdem gilt das Gebot zur Vorsicht jeden Tag und nicht nur, wenn es schneit, doch es wird bei Schnee eben auch nicht falsch.

Schnee scheint für manche Fernsehredaktion etwas sehr Faszinierendes zu sein, vor allem, wenn er in großen Mengen fällt. So geschehen zu Beginn des Jahres 2019, als eine Sondersendung nach der anderen lief, weil es, man mag es kaum glauben, in den Alpen geschneit hatte. Zugegeben, es fiel sehr viel Schnee, teilweise mehrere Meter in wenigen Tagen. Das gibt es nicht jedes Jahr, aber es ist keineswegs ein völlig neues Ereignis.

Interessant war die unterschiedliche Berichterstattung in Österreich und Deutschland. Im ORF zeigte man sich eher entspannt, in den deutschen Medien tendenziell aufgeregt. Das gipfelte in mehreren Live-Schalten des „ARD-Morgenmagazins“, während denen ein in den Schnee geschickter Reporter aus einem eingeschneiten, von der Außenwelt abgeschnittenen bayerischen Dorf berichten musste. Neugierig, wie denn die Einheimischen mit dieser Situation umgingen, befragte der Reporter den Besitzer des örtlichen „Tante-Emma-Ladens“, dessen Sortiment etwas ausgedünnt wirkte. Auf die Frage, was man denn nun am allernötigsten bräuchte, antwortete der Händler, zugleich auch Bürgermeister, knapp: „Klopapier.“

An anderer Stelle konnte man erfahren, dass in den Alpen so viel Schnee gefallen sei, dass man inzwischen die Lebensmittel mit Lkws in die Ortschaften transportieren müsse. Ja, war denn das die Möglichkeit, Lebensmittel auf Lastkraftwagen – wenn es so weit ist, dass Packesel nicht mehr weiterkommen, dann muss es schlimm sein.

Wie dem auch sei, das Wetter bleibt für viele Fachfremde in der Medienbranche offenbar zeitlebens ein Mysterium sowie ein ständiger Quell reißerischer Überschriften und Artikel, man findet sie vor allem in bunten Zeitschriften und anderen Blättern, die angebliche Wetterverrücktheiten in den Fokus nehmen. Auch jene, die bei Facebook unterwegs sind, kommen an derartigen Meldungen nicht vorbei. Wer die Seite „Vollpfostenmeteorologie“ abonniert, deren Betreiber den Wahnsinn sammeln und mal belustigt, mal verärgert bis zornig verteilen, dem wird die absichtliche Irreführung der Netznutzer offensichtlich.

So war in einem späten Herbst zu lesen, dass Deutschland ein Wintereinbruch ins Haus stünde und bis zu 40 Zentimeter Schnee fallen sollten, der aber schnell wieder schmölze. Dies sei (sechs Wochen vor Heiligabend) ein gutes Zeichen für weiße Weihnachten. Es spielte keine Rolle, dass Ende November schmelzender Schnee wohl kaum ein Indiz für Schnee zu Weihnachten sein kann – er müsste schon sehr, sehr langsam schmelzen. Doch im Grunde war es noch viel schlimmer. Denn die „Prognose“ von 40 Zentimetern Neuschnee in Deutschland erwies sich als frei erfunden. Mir stehen nahezu alle Vorhersagemodelle, die es für Europa gibt, zur Verfügung. Keine einzige Wetterkarte hatte Schnee für ganz Deutschland im Programm, allenfalls für die höchsten Gipfel der Berge. Der Verdacht liegt nahe, dass mit dem Belügen der Leser einfach nur Klickzahlen generiert werden sollten.

Schließlich lässt sich zu keiner Zeit des Jahres vorhersehen, wie es sechs Wochen später sein wird. Eine seriöse Wettervorhersage endet mit Tag 4 der Zukunft, was danach kommt, ist ein Trend, den man nur mit sehr viel Wohlwollen und großzügiger Auslegung auf 14 Tage ausdehnen kann. Eigentlich ist hier die Grenze der Glaubwürdigkeit schon überschritten.

Was bleibt, sind zum einen die öffentlich-rechtlichen Medien: Was ich hier über das Wetter höre, sehe oder lese, kann man aus meiner Sicht weitgehend ernst nehmen, trotz gelegentlicher Übertreibungen, trotz mancher Sondersendung „aus dem Chaos“. Zum anderen finden sich auch im Netz sachliche Quellen zum Wettergeschehen.

Und wie wird nun das Wetter oder das Klima?

Diese Frage wird mir am häufigsten gestellt, manchmal scherzhaft, manchmal ganz im Ernst. Natürlich weiß ich nicht immer eine Antwort, insbesondere wenn ich frei habe, jedoch ganz konkrete Dinge von Freunden oder Bekannten bei einer Begegnung abgefragt werden. An manchen Tagen schaue ich mir sogar keine Wetterkarte an – diese Tage sind selten, aber es gibt sie.

Seit 2019 mischt sich aber immer öfter eine weitere Frage darunter, die nach dem Klimawandel. Ob man das alles glauben könne, was so erzählt werde. Und es wird viel erzählt, vor allem viel Blödsinn. Oft wird das Wetter mit dem Klima verwechselt oder in einen Topf geworfen und noch einmal kräftig umgerührt. Meine Aufgabe sehe ich dann meist darin, diese Suppe in ihre einzelnen Bestandteile zu zerlegen und richtig einzuordnen. Ist die Hitzewelle von 2019 noch Wetter oder schon Klimawandel? Wie sieht es mit dem rekordmilden Winter 2019/20 aus, ist der Klimawandel die Ursache? Jein, denn zugleich war es in Alaska so kalt wie seit Jahrzehnten nicht mehr.

Große Kälte ist nach wie vor möglich, auch in unseren Breiten. Nur ist sie bei uns ausgesprochen selten, kann aber beachtliche

Ausmaße annehmen, so wie im Februar 1929, als die Temperaturen 10 Grad unter dem langjährigen Mittel lagen, also von dem, was damals „normal" war – im Vergleich zu heute wäre er schon 12 Grad „zu kalt" gewesen. Denn tatsächlich ist es in den vergangenen Jahrzehnten wärmer geworden. Die Bandbreite ist riesig, gerade im kältesten Monat des Jahres, dem Februar. In Schwerin reicht diese von eisigen -10,4 Grad Celsius im Jahr 1929 bis zu 6,1 Grad Monatsmitteltemperatur 1990. 16 Grad Differenz, alles, was sich dazwischen bewegt, ist demnach „normal". 2020 lagen wir in der Landeshauptstadt bei 5.4 Grad Monatsmitteltemperatur, sehr mild, Platz 2 gemeinsam mit 1998, aber im weiten Rahmen dessen, was bei uns grundsätzlich möglich ist.

Ähnlich sieht es beim Vegetationsbeginn aus. Diesen kann man ziemlich genau berechnen. Grundlage hierfür sind die Tagesmitteltemperaturen ab dem 1. Januar. Mit dem ersten Tag des Jahres werden die Tagesmittelwerte aufsummiert, die über 0,0 Grad Celsius liegen, wobei diese im Januar mit 0,5 multipliziert werden, im Februar mit 0,75 und im März mit 1, also 1:1 übernommen. Erreicht diese Summe, Gründlandtemperatursumme (GTS) genannt, den Wert 200, spricht man in der Agrarmeteorologie vom sogenannten „nachhaltigen Vegetationsbeginn". Im Jahr 2020 wurden die 200 in Mecklenburg-Vorpommern in der ersten Märzwoche erreicht, zuvor blühten schon Ende Januar die ersten Schneeglöckchen und Winterlinge. Ganz anders sah es 1970 aus, damals erreichte die GTS erst in den ersten Maitagen die 200er-Schwelle. „Im Märzen der Bauer die Rösslein einspannt, er setzt seine Felder und Wiesen in Stand", heißt es in dem alten Volkslied. 1970 wären die Rösslein samt Landwirt durch tiefen Schnee gestapft, 2020 hingegen durch den Modder eines nassen Winters in bereits ergrünender Natur. Man kann sich auf Volksweisen folglich nicht verlassen, zumal das Lied im 19. Jahrhundert in Nordmähren entstanden sein soll, also kurz nach dem Ende der sogenannten „Kleinen Eiszeit".

Nicht, wie oft verkürzt dargestellt, jede hohe Temperatur lässt sich einfach auf eine Klimaerwärmung schieben, nicht jeder kalte Winter kündigt eine Eiszeit an. Und doch ist es nicht zu bestreiten, dass in einem insgesamt wärmeren Klima milde Winter oder heiße Sommer häufiger auftreten. Grundsätzlich ist die These richtig, dass es früher auch schon zeitige Frühjahre oder heiße Sommertage gegeben habe – nur traten die eben seltener auf. Exakt hier wird die globale Erwärmung sichtbar: nicht am Ereignis selbst, sondern an der Häufung von Hitzewellen mit früher in Deutschland extrem seltenen Maximaltemperaturen um 40 Grad Celsius. Oder am Ausbleiben von Eiswintern, den letzten gab es an der Ostsee 1995/96. Trotzdem wurde die tiefste Temperatur der vergangenen sieben Jahrzehnte erst jüngst, am 6. Februar 2012, erreicht: -29 Grad Celsius, gemessen in Ueckermünde. Große Kälte ist demnach nach wie vor möglich, auch wenn die Zahl der Hitzetage steigt. Die Bandbreite scheint größer zu werden, allerdings mit mehr „Überdehnungen" nach oben als nach unten.

Das Gleiche gilt für den Niederschlag, die Dürre in Deutschland von 2018 war noch 2019 zu spüren, das große Elbehochwasser fällt jedoch ebenfalls in dieses noch junge Jahrtausend. Weniger als gar nicht kann es nicht regnen, mehr, als wir es gewohnt sind, offenbar schon. Der Wind kann auch nicht schwächer als „windstill" sein, aber die Stürme können heftiger wehen – und werden es auch, wenn die Modelle der Klimaforschung die Zukunft korrekt abbilden. Dass sie dazu in der Lage sind, beweisen die vergangenen 30 Jahre: Was um 1990 für 2020 berechnet wurde, ist ungefähr so eingetreten, tendenziell ist es sogar noch etwas wärmer geworden und sind das polare Eis sowie die meisten Gletscher mehr geschmolzen.

Wir haben also Vorwissen, es ist nun an uns, dieses zu nutzen.

Alle reden vom Wetter ...
Sie sollten vorher weiter Stefan Kreibohm lesen!

Bereits erschienen

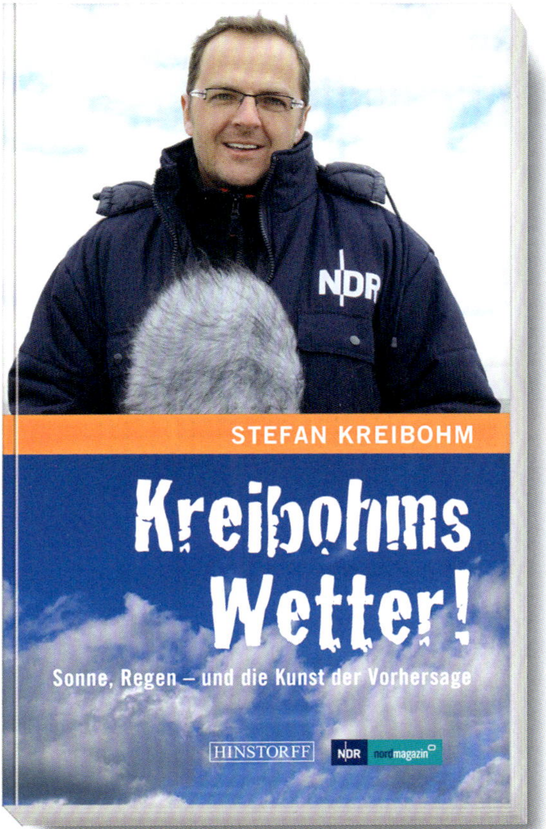

978-3-356-01542-3

Seit über zwanzig Jahren berichtet Stefan Kreibohm in Funk und Fernsehen über das Geschehen zwischen Himmel und Erde. In diesem Buch erklärt er anschaulich, warum das Wetter oft nicht sicher vorherzusagen ist, wie sich das globale Spiel der Gewalten auf die norddeutsche Region auswirkt, warum die norwegischen Berge für Mecklenburg-Vorpommern oft klaren Himmel bedeuten, wie die Sonne die Schafskälte macht und warum es so schön ist, vom Wetter zu reden … besonders dann, wenn man mehr weiß über die Phänomene, die unser aller Leben begleiten. Ein Buch für jedes Wetter!

Autor und Verlag danken dem NDR Landesfunkhaus Mecklenburg-Vorpommern für die Unterstützung des Projekts.

Bildnachweis:
Fast alle Abbildungen Privatarchiv Stefan Kreibohm, außer:
Schwarzfotografie.de (Susanne Schwarz): Cover, Seite 1
Gerald Schneider: Seiten 8/9
Manfred Wegener: Seite 75
Christian Rödel: Seite 99

Seite 2: *Seite aus „Wissenschaft aktuell" von 1987, vgl. S. 38 ff.*
Seite 4: *Parchimer unter sich. Auftritt im Rahmen einer NDR-Veranstaltung auf dem Schuhmarkt (vermutlich im Jahr 2000 oder höchstens wenig später)*

Die Deutsche Nationalbibliothek verzeichnet diese Publikation in der Deutschen Nationalbibliografie; detaillierte bibliografische Daten sind im Internet über http://dnb.de abrufbar.

Lagerstraße 7, 18055 Rostock
Tel.: 0381/4969-0
www.hinstorff.de

1. Auflage 2020
Herstellung: Hinstorff Verlag GmbH
Lektorat: Thomas Gallien
Coverfoto: Susanne Schwarz
Druck und Bindung: Westermann Druck Zwickau
Printed in Germany
ISBN 978-3-356-02267-4